西部地区构建"北斗+"数字产业生态体系研究

邵平桢 著

西南财经大学出版社
Southwestern University of Finance & Economics Press

中国·成都

图书在版编目(CIP)数据

西部地区构建"北斗+"数字产业生态体系研究/
邵平桢著.--成都:西南财经大学出版社,2024.10.
ISBN 978-7-5504-5996-0

Ⅰ.P228.4

中国国家版本馆 CIP 数据核字第 2024G00T66 号

西部地区构建"北斗+"数字产业生态体系研究

XIBU DIQU GOUJIAN "BEIDOU+" SHUZI CHANYE SHENGTAI TIXI YANJIU

邵平桢 著

责任编辑:陈子豪
责任校对:李思嘉
封面设计:何东琳设计工作室
责任印制:朱曼丽

出版发行	西南财经大学出版社(四川省成都市光华村街 55 号)
网　　址	http://cbs.swufe.edu.cn
电子邮件	bookcj@swufe.edu.cn
邮政编码	610074
电　　话	028-87353785
照　　排	四川胜翔数码印务设计有限公司
印　　刷	四川五洲彩印有限责任公司
成品尺寸	170 mm×240 mm
印　　张	11.5
字　　数	183 千字
版　　次	2024 年 10 月第 1 版
印　　次	2024 年 10 月第 1 次印刷
书　　号	ISBN 978-7-5504-5996-0
定　　价	88.00 元

前言

北斗卫星导航系统（以下简称"北斗系统"）是中国着眼于国家安全和经济社会发展需要自主建设运行的全球卫星导航系统，是为全球用户提供全天候、全天时、高精度的定位、导航和授时服务的国家重要时空基础设施。中国从 1994 年开始探索卫星导航系统，逐步形成了适合中国国情的三步走发展战略：到 2000 年年底，建成北斗一号系统，可以为中国用户提供定位、授时、广域差分和短报文通信服务；到 2012 年年底，建成北斗二号系统，可以为亚太地区用户提供定位、测速、授时、广域差分和短报文通信服务；到 2020 年年底，建成北斗三号系统，可以为全球用户提供服务。

自北斗系统提供服务以来，其已经在我国交通运输、电力金融、海洋渔业、农业林业、水文监测、气象测报、通信授时、救灾减灾、环境保护、国土监测、智慧城市、国防建设、公共安全等领域内得到广泛应用，服务于国民经济的各个领域，产生了显著的经济效益和社会效益。基于北斗系统的导航服务已被电子商务、移动智能终端制造、位置服务等行业的厂商采用，广泛进入中国大众消费、共享经济和民生领域，相关应用的新模式、新业态、新经济不断涌现，深刻改变着人们的生产生活方式。中国卫星导航定位协会公布的《2023 中国卫星导航与位置服务产业发展白皮书》数据显示，2022 年中国卫星导航与位置服务产业总体产值达到 5 007 亿元人民币，较 2021 年增长 6.76%。其中，包括与卫星导航技术研发和应用直接相关的芯片、器件、算法、软件、导航数据、终端设备、基础设施等在内的产业核心产值同比增长约 5.05%，达到 1 527 亿元人民币，在总体产值中占比为 30.5%。由卫星导航应用和服务所衍生带动形成的关联产值同比增长约 7.54%，达到 3 480 亿元人民币，在总体产值中占比达到 69.5%。

当前，我国卫星导航与位置服务领域企事业单位总数量保持在 14 000 家左右，从业人员数量超过 50 万人。截至 2022 年年底，业内相关上市公司（含新三板）总数为 92 家，上市公司涉及卫星导航与位置服务的相关产值约占全国总体产值的 9.02%[①]。2022 年北斗应用总体规模仍在稳步提升，推进机制进一步健全，基础设施愈加完善，标准化建设取得新进展，检测认证体系日益强化，重点领域也在持续发力，国际合作实现稳步推进。北斗规模化应用正在全面开启市场化、产业化和国际化发展的新篇章。未来北斗拥有无限应用的可能，正如首任北斗卫星导航系统总设计师孙家栋院士所说，"北斗的应用只受人类想象力的限制"。中国将持续推进北斗应用与产业化发展，服务国家现代化建设和百姓日常生活，为全球科技、经济和社会发展做出贡献。

邵平桢

2024 年 5 月 1 日

---

① 中国卫星导航定位协会. 中国卫星导航与位置服务产业发展白皮书［EB/OL］. http://www.beidou.gov.cn/.

目录

第一章 "北斗+" 数字产业生态体系的理论基础: 产业融合理论

一、产业融合的概念

产业融合研究最早出现在信息产业。在技术革新的基础上，计算、印刷、广播等产业开始交叉和融合。1978 年，麻省理工学院媒体实验室的 Negrouponte 用三个圆圈来描述计算、印刷和广播三者的技术边界，认为三个圆圈的交叉处将会成为成长最快、创新最多的领域。随着数字技术的发展，特别是计算技术和网络技术的融合，照片、音乐、文件、视像和对话都可以通过同一种终端机和网络传送和显示，不同形式媒体之间的互换性、互联性得到加强，这一现象被称为数字融合。数字融合的发展为语音、视像与数据文件等信息内容的融合提供了技术支撑，使电信、广播电视和出版等产业出现融合。随着信息技术的发展，金融、能源、运输和制造业等领域的产业融合也在加速进行中，这大大拓宽了产业融合的研究视野，为构建产业融合理论体系打下了坚实的基础。产业融合理论在 20 世纪 90 年代进入了快速发展阶段。学者从不同角度对产业融合的概念进行界定与分类，主要产生了以下几种有代表性的观点。

1. 技术演化论

产业融合研究最早是从技术发展或演化的角度来探讨产业融合问题的，这是因为产业融合与技术发展、技术创新之间存在密不可分的依赖关系。随着通信与信息技术的日益成熟和完善，各种新技术被广泛应用。技术本身的扩散和溢出效应促进了技术融合的发展，而技术融合又使不同产业之间形成了共同的技术基础，使不同产业之间的边界日趋模糊，最终促使产业融合形成。

2. 边界模糊论

国内学者周振华对产业融合的研究最为系统，他从产业边界模糊化的角度来定义产业融合，认为传统产业分类的主要依据是产业边界条件，具体包括技术边界、业务边界、运作边界、市场边界四个方面。在传统工业时代，产业边界特征具有明显固定化趋向，从而使整个经济处于产业分离状态。产业融合是产业边界从固定化走向模糊化的过程。在信息化进程中，以数字融合为基础的电信、广播电视和出版三大部门的产业融合，其外在表现特征就是原有产业边界的收缩或消失。

3. 产业创新或产业发展论

厉无畏等人认为，从更广泛的视角来看，所谓产业融合是指不同产业或同一产业内的不同行业之间相互渗透、相互交叉，最终融为一体，逐步形成新产业的动态发展过程。其特征在于融合后出现了新的产业或新的增长点，这一现象如同不同学科的交叉融合会产生新的学科一样。高新技术及其产业的作用是产业融合发展的强大助推器，1+1>2 的生产效率和较高的经济效益，则是产业融合发展所追求的目标。

根据国内外学者观点，本书认为产业融合的概念可以概括为：技术进步和技术创新促进了产业边界和交叉处的技术融合，导致不同产业或同一产业内的不同行业相互渗透、相互交叉，产业边界日趋模糊，最终融为一体，逐步形成新产业的动态发展过程。

二、产业融合的基本特征

产业融合正发展成为现代经济生活中的一种普遍现象，在国民经济中起着非常重要的作用。产业融合具有以下共同的特征：

1. 产业融合本质上是一种产业创新

产业融合正成为信息化时代下的一场新的产业革命，它加速了社会经济系统的深刻变化。新产业革命不仅仅是信息技术产业对传统产业的整合和改造，更重要的是以信息技术与信息产业为平台，关联产业互动与融合，形成了一种新的产业创新方式。不同产业之间的交叉融合催生了新的产业，形成了新的业态和新的分工部门，在现代经济生活中扮演着日益重要的角色。互联网金融就是信息化技术变革下产业融合的典范。互联网产业和金融产业融合，互联网行业的信息技术为互联网金融模式提供了技术基础，金融机构放松监管，降低了行业准入门槛，而大数据、云计算、搜索引擎等技术的出现，带动了互联网的飞速发展。互联网飞速发展进一步促使互联网行业与金融行业深度融合，产生了各种各样的互联网金融新业态。

2. 产业融合往往发生在产业边界处

产业融合往往发生在产业边界和交界处，不同产业或同一产业内的不同行业之间通过技术、制度、产品、资源的互动与交换，相互渗透、相互交叉，产业边界日趋模糊或者消失，最终融为一体，进而影响产业的发展。

3. 产业融合是一个动态的过程

产业融合之前，各产业内的企业生产不同的产品，提供不同的服务，它们之间是互不联系、彼此独立的。随着产业规模扩大和技术进步，不同产业之间相互促进、相互交叉，产业边界逐渐模糊，并促使新的产业兴起。因此，产业融合是社会生产力进步和产业结构高度化的必然趋势，是产业由低级到高级的动态发展过程。

三、产业融合的动因

1. 技术创新是产业融合的内在动力

技术创新开发出了替代性或关联性的技术、工艺和产品，渗透和扩散到其他产业，改变了原有产业产品或服务的技术路线，改变了原有产业的生产成本函数，从而为产业融合提供了动力。同时，技术创新改变了市场的需求特征，给原有产业的产品带来了新的市场需求，从而为产业融合提供了市场空间。再者，重大技术创新在不同产业之间的扩散促成了技术融合，技术融合使不同产业形成了共同的技术基础，并使不同产业间的边界趋于模糊，最终促使产业融合发生。总之，技术创新和技术融合是产业融合发展的催化剂，在技术创新和技术融合基础上产生的产业融合是对传统产业体系的根本性改变，是新产业革命的历史性标志，是现代产业发展及经济增长的新动力。

2. 竞争合作是产业融合的企业动力

竞争合作是企业之间在竞争中合作、在合作中竞争建立起来的双赢关系。企业之间通过竞争与合作，可使更多的资源在更广阔的范围内得到合理配置和利用，生产的产品或提供的服务更具有竞争力，在客观上促进了产业之间的融合。另外，产业融合发展，可以突破产业间的条块分割，减少产业间的进入壁垒，降低市场交易成本，提高企业生产率，最终形成持续的竞争优势，又促使企业之间合作竞争。因此，企业间的竞争合作是产业融合的企业动因。

3. 放松管制是产业融合的外部条件

不同产业之间存在着进入壁垒，这使不同产业之间存在着各自的边界。美国学者斯蒂格勒认为，进入壁垒使新企业比旧企业承担了更多的成本，各国政府的经济性管制是形成不同产业进入壁垒的主要原因。管制放松将促使其他相关产业与本产业相互竞争，从而逐渐走向产业融合。为了让企业在国内和国际市场中更有竞争力，产品占有更多的市场份额，一些发达国家放松管制和改革规制，取消和部分取消对管制产业的各种价格、进入、投资、服务等方面的限制，为产业融合创造了比较宽松的政策和制度环境。随着全球宏观环境和产业环境发生变革，新兴市场的高速发展不断为产业融合创造了外部条件，并将进一步拓展产业融合，引发新的产业革命，促进现代产业发展和经济持续增长。

四、产业融合的基本方式

产业融合主要有产业渗透、产业交叉和产业重组三种基本方式（见图 1.1）。

1. 产业渗透

产业渗透往往发生在高科技产业和传统产业的产业边界处。由于科学技术日新月异，高新技术不断获得突破，以高新技术为核心的产业逐渐成长起来。这些高科技产业，一方面从事高新技术产品的生产，另一方面逐步向传统产业延伸。高新技术一般具有渗透性和倍增性的特点，使得高新技术可以无摩擦地渗透到传统产业中，极大地提高传统产业的效率。20世纪90年代后，信息和生物技术对传统产业的渗透融合，产生了诸如机械电子、航空电子、生物电子等新型产业。而互联网的发展对传统产业渗透的例子更是数不胜数，电子广告、电子图书、远程教育、远程医疗、网上书店等"互联网+"产业都是高科技产业与传统产业相互渗透融合的证明。如显示产业，传统显示企业推出了新旧技术结合的产品，比如Mini LED背光电视等，新型显示技术与传统显示技术的边界日益模糊化，新旧显示产业的相互渗透，给LED显示应用行业带来了巨大的发展动力。

2. 产业交叉

产业交叉是通过产业间的功能互补和延伸实现产业间的融合。产业交叉往往发生在高科技产业的产业链自然延伸部分。由于技术、业务和市场的融合，这种延伸将产生产业边界的交叉融合，最后导致产业边界的模糊或消失。尤其是放松管制后的自然垄断行业，其扩张产业链的技术和业务条件比较成熟，产业交叉融合具有更重要的意义。这些发生交叉的产业往往并不是全部融合，而只是部分的合并，原有的产业仍然存在，因此这也使得融合后的产业结构出现了新的形式。产业交叉出现比较多的是电信、广播电视和出版等产业的融合。比如与显示产业交叉的产业，有安防、影视摄制和放映以及5G等，安防行业龙头海康威视、大华等企业不断推出LED显示屏相关产品，利用LED显示屏稳定可靠、响应速度快、可无限拼接等优势，配合完善安防工作，提升安防效率，二者相互促进，相辅相成。利亚德、洲明、艾比森、AET、诺瓦科技等企业则将LED显示技术与VR、AR、MR等计算机图形和可视化高科技相结合，提升舞台节目的视觉效果，甚至推出LED巨幕参与影视摄制，增强影视化作品给观众带来的身临其境之感。此外，当前方兴未艾的5G+8K超高清视频产业的发展也需要LED显示屏的支持。LED显示产业与安防、影视和5G+8K等产业交叉，促进了LED显示技术创新和产品质量改善，推动了相关产业链的升级。

3. 产业重组

产业重组是实现产业融合的重要手段，是产业融合的另一种方式。这一方式主要发生在具有紧密联系的产业之间，这些产业往往是某一大类产业中的子产业。比如第一产业中的农业、种植业、养殖业、畜牧业等子产业之间，可以通过生物链重新整合，融合成生态农业等新的产业形态。这种新业态代表了产业的发展方向，既适应了市场需求，又提高了产业效率。比如，近几年显示产业由于受疫情影响，有部分显示企业不得不退出 LED 显示应用行业，因此显示产业发生了一系列收购重组，而显示产业的收购重组，有利于有优势的企业进行双向融合，取长补短，加快显示产业的健康发展。

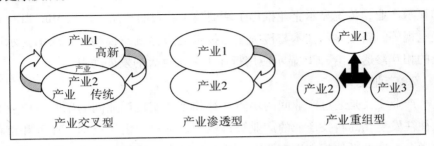

图 1.1　产业融合的三种方式（图中箭头表示技术发展的方向）

五、产业融合的效应

产业融合是在经济全球化、高新技术迅速发展的大背景下提高产业生产率和竞争力的一种发展模式和产业组织形式。产业融合具有以下效应：

1. 创新优化效应

产业融合促进了传统产业创新，推动了产业结构优化升级和新兴产业的发展。产业融合过程中产生的新技术、新产品、新服务，改变了传统产业的生产与服务方式，促使其产品与服务结构的升级。产品与服务的不断更新换代转而又带动需求结构升级，从而拉动产业结构升级。由于产业融合使得产业之间的边界模糊化，两个或多个产业之间形成了共同的技术和市场基础，使得某些产业能更容易地改变结构的布局，迅速地从一个产业过渡到另一个产业，实现产业创新和新兴产业的发展。由于电子信息、生物工程、新能源、新材料等高科技产业与其他产业之间的广泛关联性以及这些产业具有的较高成长性，产业融合造成的边界模糊和消失可以使其他产业转换到高新技术产业中，并经过产业融合和产业创新的连锁反应，使得一国的产业结构得以优化和升级。

2. 竞争合作效应

产业融合能够通过建立与实现产业、企业之间新的联系而改变原有竞争关系，促进更大范围的竞争。一方面，在产业融合之前，属于同一产业的企业群在产业内部、企业之间处于竞争关系，超出产业之外就不能称为竞争关系。但是在产业融合过程中，原有固定业务边界与市场边界的产业相互交叉、相互渗透，使产业之间由原先非竞争关系转变为竞争关系。在产业融合过程中，来自其他产业的企业也会加入进来，使竞争进一步加剧。另一方面，产业融合可以突破产业间的条块分割，减少产业间的进入壁垒，降低市场交易成本，提高企业生产率，最终形成持续的竞争优势；同时，可使更多的资源能在更广阔的范围内得到合理配置和利用，生产的产品或提供的服务也更有竞争力。这样又能进一步促使产业、企业之间加强合作。

3. 价值增殖效应

产业融合有助于产业竞争力的提升。产业之间的竞争其实也就是产业价值链各个环节的竞争。产业融合使原本分立的产业价值链部分或全部实现了融合，新的价值链环节融合了两个或多个产业的价值，与原产业相比，融合型产业不仅具有更高的附加值与更大的利润空间，而且为消费者创造了更多、更方便、价值更高的产品或服务，代表了需求发展的必然趋势。产业竞争力的增强使相关企业群获得了更多的市场份额、稀缺资源、雄厚的资本积累以及较大的发展空间，为产业的技术研发活动提供了有利的物质和市场条件。

4. 区域一体化效应

产业融合打破了传统产业的技术边界、业务边界、市场边界、运作边界，同时也打破了区域边界，促进了区域经济一体化发展。产业融合会打破地区之间的界限，将加速区域之间资源流动和重组，促进区域产业结构多样化、复杂化发展，提高区域之间的贸易效应和竞争效应。产业融合有利于扩大区域中心的极化和扩散效应，有利于改善区域的空间二元结构，打破区域之间的壁垒，促进区域经济一体化制度建设。

第二章 航天领域产业融合的主要内涵

　　航天领域是高技术、高风险领域。航天技术具有多学科交叉、系统集成度高、可靠性与安全性要求高的特点，涉及材料、电子、信息、化工等诸多领域，对整个国家的科学技术、工业基础具有很强的牵引带动作用，同时航天技术还能转化应用到国民经济的各个领域，产生技术溢出效应。以美国为例，美国通过"阿波罗"登月计划等重大航天工程的牵引，极大地推动了信息、通信、新材料、新能源等新兴技术的发展。20 世纪 90 年代开发的 1 000 多种新材料中，有 80% 是在航天技术的刺激下完成的，有近 4 000 项技术成果移植到民用领域。以通信、导航、遥感为代表的卫星应用，已经渗透到社会生产和生活的方方面面，形成了规模巨大的卫星应用产业。总体来说，航天技术对美国的国民经济发展起到了巨大的带动作用，据美国蔡斯经济计量学会的统计，美国航天投入与国民经济产出比高达 1：14。

　　航天技术是战略性高科技技术，具有宜军宜民的特性，航天技术创新是推动航天产业发展的原动力，技术创新能力更是航天强国的重要标志之一。中国航天技术创新体系初步形成了由政府、军队有关部门主管，航天科技和航天科工两大集团为核心，配套单位专业技术支撑，高校、科研院所深度参与，应用部门应用示范等有机构成的政、商、产、学、研、用结合的面向航天重大工程的军民融合创新体系。其中，航天企业集团是航天重大工程的承研者，是航天技术创新最主要的主体，目前两大航天集团均建立了面向型号任务及重大工程和军转民的航天技术创新体系。

　　中国从 20 世纪 50 年代后期开始发展航天技术，20 世纪 80 年代初形成总体院和专业院、基地结合的航天工业科研生产模式。经过多年的发展，航天科技工业已具备完整配套的研究、设计、试制、生产、试验和质量保障体系，形成了以总体单位为龙头、分系统单位为核心、单机配套单位为外围的航天武器装备科研生产布局，完成了以探月工程、载人航天工程、北斗导航工程、高分辨率对地观测系统等为代表的航天重大专项工程，取得了举世瞩目的成就，这些成就的取得都集聚了军工集团、科研院所、高校、地方企业等军地优势科研力量。

近年来，美军特别注重太空力量军民一体化的建设和运用，通过持续扩大与民事部门和商业机构的合作、增加对商业航天系统和能力的采购利用，以充分利用民用航天的资源和创新能力，提高军事航天的能力和水平。面对太空领域激烈的国际竞争，我国必须以前瞻的视野、全新的思维，统筹布局太空领域军民力量的建设和发展运用，统筹军民两大体系的航天资源，做到一体规划布局、一体运用调配，在太空领域加快形成军民一体化的国家战略能力。

一、促进航天领域军民技术相互转移

根据产业融合理论，技术创新是产业融合的内在动力，由于技术本身的扩散和溢出效应，重大技术创新在不同产业之间的扩散和溢出促进了技术融合，技术融合使不同产业形成了共同的技术基础，并使不同产业间的边界趋于模糊，最终促使产业融合发生。因此，技术创新和技术融合是当今产业融合发展的催化剂，是现代产业发展及经济增长的新动力。军用技术向民用经济领域转移、民用优势技术向军事领域转移、军民技术的双向流动和交互式发展将产生巨大的经济和军事效益，有助于促进产业在技术和制造的基础能力上的紧密结合，从而能有效满足国家安全和经济发展的双重需要，实现产业整体功能的升级，推动整个国民经济的发展。从世界科学技术发展历史来看，一般来说，先进的科学技术最先发源和应用于国防领域，然后由军用领域推广到民用领域，从而带动整个社会科学技术水平的提高。第二次世界大战以来，世界航空航天技术、核技术、计算机技术、现代网络技术等先进科学技术都是首先发源于军事工业，引起军事领域的革命性变革；同时，随着国防科技工业的发展，新的任务和需求不断出现，带动了冶金、化工、机械、电子等众多行业的发展，这些成果广泛地被应用于社会生产和生活各部门，进一步带动了整个社会科学技术水平的提高。20世纪90年代以来，许多民用关键技术的先进性已经超过了军用技术，其不仅价格越来越便宜，而且可靠性越来越高。如电子信息等许多高新技术，可直接或稍加改造就具有军用性质，可以为军事领域所用。加快民用技术向军用的转移，可加强国防科技的基础能力建设，提高国防科技工业的制造能力和水平，可大大缩短武器装备的研制和生产周期，提高武器装备的质量和可靠性能，加快武器装备更新换代，缩短与发达国家的军事差距。此外，先进民用技术的采用，在一定程度上可弥补我国国防科技的不足，填补科技空白，增强国防科技整体实力，推动国防科技的跨越式发展。

"神舟"载人航天工程、北斗卫星导航系统是我国航天科技领域内军民融合、军民技术双向转移的典范。在我国"神舟"载人航天工程中，直接承担研制建设任务的企事业单位有100多家，承担协作配套任务的单位有3 000多家，涉及航天航空、船舶、兵器、电子等多个产业，参与人员共计10万余人，取得了良好的军事效益和经济效益。我国要加大对航天技术转移转化的投入，鼓励军民技术双向转化，推进产学研用结合、产业链结合，培育和发展技术集成度高、应用范围广、社会影响大的共性关键技术项目，以重大产品创新为突破口，加快军民航天技术相互融合、相互转移，鼓励以区域性军民融合产业基地为载体，推动航天产业融入区域经济发展，发挥航天领域产业集群对区域经济的带动作用。

二、发展航天科技军民通用技术

根据产业融合理论，产业融合往往发生在产业边界处。传统产业分类的主要依据是产业边界条件，具体包括技术边界、业务边界、运作边界、市场边界四个方面。在传统工业时代，产业边界特征具有明显固定化趋向，从而使整个经济处于产业分立状态。产业融合是产业边界固定化走向产业边界模糊化的过程。由于技术创新在不同产业之间扩散促进了技术融合，技术融合使不同产业形成了共同的技术基础，使不同产业或同一产业内的不同行业相互渗透、相互交叉，产业边界日趋模糊，进而影响到产业的发展。发展军民通用技术有助于国防科技工业与民用工业的产业边界收缩或消失，实现国防科技工业与民用工业的产业融合；有利于加快国防科技工业与地方经济的融合，促进科研与生产、应用与制造的紧密结合，把科技、军工优势转化为产业优势。将国防科技工业优势与民用工业优势相结合，大力发展具有自主知识产权的军民两用技术，构建分工协作、军民兼容的产业集群和产业链，是提升国防科技工业竞争力的一条捷径，也是实现国民经济高质量发展，提高国家整体竞争能力的重要手段。

三、推进军地、央地航天资源深度融合

根据产业融合理论，我们应健全国家层面太空领域军民融合的统筹管理和协调职能，明确政府、军队和企业各自职责，构建跨部门、多领域、高层次的综合协调机制，解决军民两大系统间政策协调、部门协同的问题，加强部门之间的沟通协调，实现信息共享、资源集约，部门之间相互配合，形成整体合力。制定太空领域军民融合发展规划，对军地各类投入资源进行统一部署、统一调配、统一管理，促进空间基础设施的科学布局、资源共享和高效利用。加强国家层面立法，依据法律制定国家航天政策，加快国家数据政策制定，推进空间数据信息军民共享，保障空间数据的安全、高效应用和加速产业化。制定政策加强数据资源开放、促进卫星产业军民融合创新和业务协同。充分利用已有的政府、军队和地方的合作平台，推广使用卫星数据；面向市场需求，推进卫星应用产品向消费级转型；协调央企和地方的利益分配机制，给央企和国企更多的经营自主权，使央企、国企成为航天军民融合的龙头。

四、加快空间基础设施统筹建设

太空基础设施主要包括太空发射与回收系统、太空信息支援与应用系统、太空态势感知系统、太空测控系统和太空控制系统等。每一个系统又是由多个分系统构成，这些系统相互配合、相互支撑，共同形成太空进入、太空利用、太空控制和太空保障能力。由于太空基础设施建设投入资金多、建设周期长、技术风险高，由军队单独建设必将面临资金不足、资

源浪费等诸多问题，由地方单独建设又不能满足军事需求，因此，我们必须军民统筹进行太空领域建设：统筹各类天基信息系统的军民需求，在通信、导航、资源普查、海洋监测、气象、科学试验卫星等非核心资源和应用领域探索军民共建共享的路子，通过军民融合建设天基信息系统，实现军事效益和经济效益的最大化；加快实施重型运载火箭、空间核动力装置、深空探测器及空间飞行器在轨服务与维护系统等一批军民融合重大工程和重大项目；建立统筹共享的国家卫星遥感数据中心，实现跨部门、跨层级、跨领域的数据传输，以及开放并可控的数据共享，以探索研究开放共享的航天发射场和航天测控系统建设。

五、利用航天科技技术优势，改造传统产业

根据产业融合理论，产业渗透往往发生在高科技产业和传统产业的产业边界处。由于高新技术具有渗透性和倍增性特点，随着科学技术日新月异发展，高新技术不断获得突破，使得高新技术可以无摩擦地渗透到传统产业中，极大地提高传统产业的效率。利用高新技术改造提升传统产业是我国经济发展的重要命题。以信息技术、先进制造技术为代表的高新技术在传统产业中的广泛推广应用，推动传统产业的高技术化，为传统产业的生存和发展注入了新的活力，从而极大地带动传统产业的整体提升，进一步增强传统产业的国际竞争力。在世界新一轮产业结构调整过程中，高新技术被广泛应用于改造和提升传统产业，成为国际经济发展和科技竞争的主导力量。国防科技工业是高新技术先导产业，第二次世界大战以来，世界航空航天技术、核技术、计算机技术、现代网络技术等先进科学技术都是首先发源于军事工业，并带动了相关冶金、化工、机械、电子等众多传统产业的发展。发挥国防科技工业的高新技术优势，用高新技术改造和提升传统产业，对于以传统产业占主体地位的发展中国家来说，具有十分重要的意义。

六、发展航天科技民用高技术产业

根据产业融合理论，产业交叉是通过产业间的功能互补和延伸实现产业间的融合。产业交叉往往发生在高科技产业的产业链自然延伸的部分，由于技术、业务和市场的融合，这种延伸将产生产业边界的交叉融合，最后导致产业边界的模糊或消失。发生交叉的产业往往并不是全部融合，而只是部分的合并，原有的产业继续存在，融合后的产业结构出现了新的形式。国防科技工业包括航天、航空、船舶、兵器、核工业及军工电子六大行业，在我国国防建设、国家安全保障方面，可以制造战略核武器、军事卫星、远程导弹、作战飞机、舰艇和陆战武器等。同时，在国民经济建设领域，核能和平利用、民用航空、民用航天、航空、船舶电子等高新技术和新兴产业领域形成了独特的优势。此外，国防科技工业在计算机、光电、机械、化工、环保和新材料等新兴产业方面也有较大的发展潜力和较强的基础。发挥国防科技工业的特殊优势，发展军工主导的民用高技术产业，对于转变经济增长方式，解决我国关键技术自给率低，对外技术依赖度高，提高自主创新能力具有重要作用；对实现我国从资源依赖、投资依赖、要素驱动向依靠科技进步、提高劳动者素质转变、实现跨越式发展具有重要意义。

七、利用航天科技工业优势，培育新兴产业

根据产业融合理论，产业融合本质上是一种产业创新。产业融合是指不同产业或同一产业内的不同行业，通过相互渗透、相互交叉，最终融为一体，逐步形成新产业的动态发展过程。其特征在于融合的结果出现了新的产业或新的增长点，高新技术及其产业的作用是产业融合发展的强大助推器。国防科技工业属于高新技术产业，国防科技工业的发展，必然会带动一批新兴战略性产业的兴起和一批传统产业的改造、升级，促进整个国民经济的发展。一方面，国防科技工业武器装备的研制必然会促进一批新兴产业的诞生。在当代，武器装备发展正朝着高技术兵器方向发展，一些高新技术如微电子技术、计算机技术、光电子技术、核技术、航天技术等

首先在国防科技领域发展起来。国防科研、试验和生产需要一系列新材料、新工艺、新技术以及新实验手段和生产设备，这不仅对基础科学技术提出了更高的要求，而且会促进应用技术的突破和提高，因此必然会形成一批具有竞争力的新兴产业。另一方面，国防科技工业发展军民两用技术，或者通过军用技术向民用领域转移，也会带动一批新兴产业的诞生。国防科技工业通过核应用技术产业化以及发展民用航天、民用飞机、民用船舶等军工主导产业，带动和促进了新兴战略性产业发展和传统产业技术升级。目前我国在民用核工业、民用航天、民用航空、民用船舶等领域已经形成一批新兴战略性产业。

八、破除壁垒，积极引导民营企业进入航天领域

根据产业融合理论，政府放松管制是促进产业融合的外部动力。不同产业之间存在着进入壁垒，这使不同产业之间存在着各自的边界。管制放松将导致其他相关产业与本产业相互竞争，从而逐渐走向产业融合。随着全球宏观环境和产业环境发生变革，新兴市场高速发展，不断为产业融合创造了外部条件，并将进一步拓展产业融合，引发新的产业革命，促进现代产业发展和经济持续增长。国防科技工业往往具有很高的进入壁垒和退出壁垒，政府放松管制，调整法律、法规，可以消除产业界限，加速国防科技工业军民融合。近年来，国家出台大量政策鼓励、引导非公有制经济主体参与军工生产和产品研发。这些政策的出台，一定程度上降低了国防科技工业的产业壁垒，引入了竞争机制，有利于军工与民用产业的融合，但从产业融合的要求来看，目前国防科技工业军民融合的政策环境还存在许多法律法规障碍。因此，应从我国国情出发，在不影响军工保密原则的前提下，在《中华人民共和国公司法》《政府投资条例》等法律中突破军民融合限制，规范融合环境，以法律手段监管军民融合的相关问题，这对于促进国防科技工业军民融合至关重要。

目前，在航天运售系统、卫星及其应用、空间站、太空旅游、深空探测和太空资源开发等航天的各个领域，都出现了一大批创新创业公司，航天领域成为继互联网之后最活跃和最有希望的创业领域。我们要逐步降低行业准入门槛、鼓励创业创新，引导民间资本和社会力量有序参与航天科

研生产、空间基础设施建设、空间信息产品服务、卫星运营等航天活动，大力发展商业航天；要发挥混合所有制改革的潜力，鼓励和支持民营企业与国有航天企业开展合作，健全激励机制，引导大型军工企业集团与中小型民营企业之间共建合作创新网络，推动航天事业向民营企业的技术和人才开放，实现从国家主导向国家引导扶持转变、从国家出资运营向市场化运作转型，全面激发太空经济和太空产业的发展活力，实现航天强国建设的长期可持续发展。

九、大力支持商业航天发展

为了适应当代科技革命、新军事变革的需要，国防科技工业在高精尖型武器装备的研制与生产过程中，必须打破现行封闭的生产体系，实施基于系统集成的生产体系，充分利用社会各方面的有利资源，从而真正建立起"小核心、大协作"的军民融合新体系。改革开放以来，我国的民用工业、民用科技得到了迅速发展。目前，我国的制造能力仅次于美国、日本、德国，成为世界第四大制造大国。与此同时，我国的科技水平也在不断提高，尤其在制造环节，具有制造能力强、成本低等特征，在国际竞争中具有一定的优势。我国的民用工业、民用科技完全有能力为国防科技工业提供强有力的支持与配合。

我国应简化商业航天发射活动的审批流程，有序推进军民航天科研资源向商业航天企业开放共享，建立面向商业航天的发射场和地面测运控系统，鼓励军队和政府在满足使用要求的前提下优先采购商业航天数据和发射服务，使商业航天成为军用航天和民用航天的有益补充，成为我国航天军民融合的突破口。

十、国防科技工业最终形成全要素、多领域、高效益的军民
　　融合深度发展格局

富国与强军是我国社会主义现代化建设的目标，要实现这个目标，国防科技工业必须走军民融合式发展道路。我国应通过国防科技工业、民用科技工业之间技术相互转移，大力发展军民两用技术，利用国防科技工业

技术优势，大力改造传统产业，大力发展民用高技术产业和战略性新兴产业；利用民用科技工业优势，参与国防武器装备研制与生产，以及为国防科技工业配套服务；打破国防科技工业与民用科技工业二元分割体系，破除国防科技工业与民用工业之间的管理制度、技术封闭、计量标准等壁垒，最终形成国民经济系统和国防建设系统全要素、多领域、高效益的军民融合深度发展格局。

2017年6月20日，中央军民融合发展委员会召开了第一次全体会议，习近平总书记发表重要讲话，指出把军民融合发展上升为国家战略，是我们长期探索经济建设和国防建设协调发展规律的重大成果，是从国家发展和安全全局出发作出的重大决策，是应对复杂安全威胁、赢得国家战略优势的重大举措。要加强集中统一领导，贯彻落实总体国家安全观和新形势下的军事战略方针，突出问题导向，强化顶层设计，加强需求统合，统筹增量存量，同步推进体制和机制改革、体系和要素融合、制度和标准建设，加快形成全要素、多领域、高效益的军民融合深度发展格局，逐步构建军民一体化的国家战略体系和能力。这是国家军民融合深度发展的目标，也是国防科技工业军民融合深度发展的目标。

"全要素"就是要优化资源配置，实现技术、设施、资本、人才、服务、信息等要素在国民经济和国防建设两大系统之间的相互流通、共享共用；通过打破国民经济和国防建设两大系统之间的各类障碍，最大限度地实现全部要素军民深度融合，不断提高国民经济生产力和现代化军队的战斗力，实现国民经济与国防建设协调发展。

"多领域"就是要将国防和军队建设深度融入国家经济社会体系，实现国民经济和国防建设所有领域、全部行业深度融合；做到能利用民用资源的就不用自己"铺摊子"，能纳入国民经济科技发展体系的就不要"另起炉灶"；通过军民深度融合，构建基础领域资源共享体系、中国特色先进国防科技工业体系、军民科技协同创新体系、军事人才培养体系、军队保障社会化体系、国防动员体系。

"高效益"就是要从根本上把国防科技工业和国家科技工业融为一体，将军队和国防现代化建设植根于国家科技工业的基础上，充分利用全社会的共有资源；在军民共建共用中提高资源利用率、减少重复建设和资源浪费，做到一份投入，两份产出，多重效益；实现国防经济对民用经济拉动效应的最大化，以及民用经济对国防经济支撑效应的最大化。总之，加快形成全要素、多领域、高效益的军民融合深度发展格局，充分反映了我们党对当代经济建设和国防建设协调发展规律的深刻洞悉和把握，展现了现代国家统筹安全与发展的新思维、新理念，为推进军民融合深度发展指明了正确的航向。

第三章　西部地区构建"北斗+"数字产业生态体系的战略意义

一、当今世界正经历百年未有之大变局

（一）美国领导的单极世界日渐式微

1991 年，随着苏联解体，美苏两极格局的消亡，美国成为世界唯一的超级大国，世界格局演变成美国主导的单极世界。进入 21 世纪，美国开始走向衰落。"9·11"事件以来，美国发动旷日持久的阿富汗战争和伊拉克战争，让其背上沉重军费开支负担，经济社会发展受到严重影响。美国霸权地位遭受重创，单极时代即将退出历史舞台，世界历史从此翻开新的一页。

美国和俄罗斯、中国的激烈竞争。中国和俄罗斯是推动世界格局多极化发展的重要力量。中国和俄罗斯是联合国安理会常任理事国，在国际政治和集体安全上拥有举足轻重的维护地区与国际和平的能力。美国把中国和俄罗斯视为其维护全球霸权最大挑战，因此，美国及其西方盟友不断推动北约东扩，一步步压缩俄罗斯的战略空间，直至俄乌冲突的爆发。美国把中国视为头号战略竞争对手，美国两党及其全社会形成了遏制打压中国的共识，不断地对中国发动贸易战、科技战、金融战、外交战、舆论战和代理人战争。中美之间的矛盾是结构性的、长期的、尖锐的、复杂的，双方博弈和斗争必定是激烈的、持久的、全方位的。

（二）新一轮科技革命、产业革命和新军事变革如火如荼

当前，世界科学技术正在发生新的重大突破，以信息科学和生命科学为代表的现代科学技术突飞猛进。以移动互联网、人工智能、云计算、大数据等为代表的新一代信息技术，以遗传工程为代表的生物技术，以复合材料、耐高温材料为代表的新材料技术，以及新能源技术和空间技术等，发展迅速。科技的创新以跳跃式的加速度前进，正在深刻改变着世界社会经济的面貌。高新技术在经济领域的广泛应用，引发了世界产业革命，使经济、社会等各方面出现崭新面貌。随着高新技术的大量涌现并被广泛运用于军事领域，战争形态、战场环境、作战手段、指挥方式等都发生了革命性的变革。信息化战争条件下的战争对抗不仅表现为军事体系之间的对抗，还集中表现为以国家整体实力为基础的体系对抗。在新一轮科技革命、产业革命和军事变革的浪潮中，有一些国家必然会脱颖而出，成为科技创新的引领者，国际竞争格局必将发生深刻调整。

（三）当前大国争夺太空战愈演愈烈

高技术条件下的现代化战争，太空是陆、海、空、天一体化联合作战的重要组成部分。现代武器离开卫星情报网络将寸步难行。太空中的各种卫星为我们提供测绘、通信、导航、气象等各种信息与服务，特别是在突发灾害和重大事故中，太空更是承担着重要角色。因此，太空安全是国家安全体系的关键，是国家安全的关键节点与要害之处。谁掌握了太空，谁就掌握了国家安全的新阀门。

当前，世界军事强国都非常重视对太空的进入与控制，都在不遗余力地发展太空力量，展开对太空主导权的争夺。美国、北约、欧盟等国家或联盟将太空视为军事竞争制高点和新战场，不断推进和完善太空战略，持续推动航天前沿科技发展，研发部署太空装备，试图占据太空领域优势地位。美国一直高度重视太空在国家安全中的战略作用，将其称为国家安全"重心中的中心"。其核心目的就是以绝对的太空优势确保全球霸权。特别是近年来，美国发布与太空相关的一系列战略、政策与法规，明确提出美国将致力于确保全球太空领导地位，以强大的太空军事能力保持制天权，建立有效的太空威慑并确保空间稳定。美国拜登政府延续追求太空领域

"绝对优势"的战略惯性，强调"美国将维持世界太空领导者的地位"，将太空视为关乎国家安全和发展的重要战略领域。英国《国家太空战略》提出其在太空领域的国家愿景的主要方向之一是捍卫英国的太空利益，塑造太空环境，利用太空来应对国内外的挑战。2023 年 11 月，欧盟理事会批准通过《欧盟太空安全与防务战略》，表明欧盟成员国就维护太空安全、保护太空资产达成共识，深刻意识到太空在军事安全方面的重要作用。

俄罗斯也高度重视太空在国家安全与发展中的作用，认为维护太空安全与太空力量的平衡，是俄罗斯国家安全考虑的首要问题。为寻求保持航天强国地位并在某些领域与美国抗衡，俄罗斯出台了《2016—2025 年俄罗斯联邦航天规划》等一系列战略规划与法案。俄罗斯在新版《军事学说》中强调发展太空战略的首要目标是以国家安全利益为首，重视对太空领域的自主发展，并在多份颁布的正式文件中强调要保持俄罗斯对太空的领先地位。日本早在 2008 年就修改了《宇宙基本法》，解除了航天不能用于军事目的的禁令，另外还每两年便发布新的《宇宙基本计划》。加拿大也发布了《航天政策框架》，明确了航天活动的核心原则。各强国制定太空战略和政策的目的非常明确，就是要发展自主太空能力和争夺太空主导权。

（四）全球卫星导航已成为世界各国家和经济体战略竞争的重要战场

导航系统在作战应用中具备提供精确导航能力、提供高精度测量信息、提供精确授时基准等功能。具体而言，导航系统提供了一套统一的、通用的时间坐标基准，为部队之间准确协同提供了条件。借助于卫星导航系统，部队和装备能够实时获取高精度的位置、速度、姿态以及时间信息，使得陆军集群作战、海军编队航行、空军编队飞行、卫星编队探测等行动变得更加容易实现。

在信息化条件下，现代战争对导航的需求与日俱增，卫星导航系统作为重要的战场传感器，已经成为现代战争中不可或缺的重要组成部分。围绕卫星导航系统的攻防博弈，美国首先提出导航战概念，随后俄罗斯及其他欧洲各国、日本、印度等同样开始为导航战蓄力，导航领域逐渐成为军事竞争的战略要地。

导航战的概念是阻止敌方使用卫星导航信息，保证己方和盟友部队可以有效地利用卫星导航信息，同时不影响战区以外区域和平利用卫星导航信息。导航功能自实现以来就在军事作战中有着极其重要的应用，在海湾战争及以后的局部战争中，卫星导航系统是实现精确打击的重要依托手段，已成为海陆空天武器系统以及构造全数字化战场的关键技术。

近年来，地区冲突不断，精确制导武器的运用再次彰显了卫星导航系统是智能化战场的基础支撑。地区冲突各方围绕导航战展开激烈角逐，卫星导航信号的干扰与抗干扰、欺骗与反欺骗对经济社会带来的影响，刺激了全球对依赖单一卫星导航系统的担忧，欧洲航空安全局（EASA）发布警告称，地区冲突中有关的 GNSS 服务会出现间歇性中断，在某些情况下，GPS 干扰甚至导致飞机无法安全着陆目的地。

在当前形势下，全球卫星导航领域已成为世界范围内各主要国家和经济体战略竞争的重要战场，全球定位、导航、授时等技术是国际竞争中重要的技术和手段。自主可控、安全可靠的北斗导航系统是提高我国国际地位的重要载体，是促进和推动社会经济发展的强大动力，是推动我国信息化建设和数字经济发展的重要基础，是应对重大灾害时的生命保障，是增强武器效能维护国家安全的重要手段，是我国履行大国责任的重要抓手。

二、西部地区在我国地缘战略安全中的重要地位

自 20 世纪初以来，西方世界都把英国地缘战略家麦金德的"心脏地带理论"奉为圭臬，以此作为统治世界、征服世界的最高战略原则。麦金德将亚、非、欧三大洲称为"世界岛"，而中亚地区是世界岛"心脏地带"。他认为谁能统治"心脏地带"，谁就能控制"世界岛"；谁控制"世界岛"，谁就能统治世界。后来他又将世界分为陆权国和海权国两大类，并将占有大陆腹地的陆权国如东欧及苏联称为世界的枢纽，这导致了世界陆权国和海权国之间的对抗。这一理论成为世界军事霸权主义和沙文主义推行领土扩张政策和国际政治战略决策的理论基础。

从地缘战略上看，世界可以分为两大国际通道体系，一条是北面铁路通道体系，它从大西洋东岸，经西欧出发，到东欧，到西亚、中亚，再到东亚，最后一直到太平洋西岸，这就是我国古代的陆上丝绸之路。另一条是南面海洋通道体系，它横贯大西洋、地中海、印度洋，经马六甲海峡、南沙群岛、菲律宾群岛，再到太平洋，这就是我国古代的海上丝绸之路。

世界国际战争都发生在这两大通道的交汇点和关键点上，两次世界大战以及第二次世界大战以后的几百次局部战争都发生在这一地区。而中国正处于这两大通道的交汇点。在世界版图上，中国所处的战略位置十分重要。因此，在世界战争史上中国始终是世界列强觊觎之地。

从中国的地形地貌来看，中国地势西高东低，分为三级阶梯。在中国西部一级阶梯中有青藏高原、帕米尔高原，有喜马拉雅山脉、昆仑山脉、祁连山脉、横断山脉，它以祁连山脉、岷山、横断山脉与第二级阶梯为界。大兴安岭、太行山、巫山、雪峰山以西为第二级阶梯，在第二级阶梯中，有塔克拉玛干沙漠、天山山脉、内蒙古高原、黄土高原、云贵高原、贺兰山脉、太行山脉、秦岭、大巴山、大娄山、巫山等。第二阶梯是世界心脏地带向丘陵平原、海洋过渡的中间地带，也是连接世界心脏地带和边缘地带的枢纽。大兴安岭、太行山、巫山、雪峰山以东为第三级阶梯。第三级阶梯是由平原和丘陵地区组成。中国西部第一级阶梯海拔在几千米以上、地势险要、气候复杂，形成了难以逾越的天然屏障。中国东北部有大小兴安岭阻挡，易守难攻。中国北部疆域辽阔，地势较为平坦，部分地区为草原和沙漠，易攻难守。中国东部地区地势低缓，多为丘陵和平原，最为易攻难守，要退到太行山脉，才有险可据。因此，以关中盆地、汉中盆地、四川盆地为中心的西南、西北地区是中国的战略大后方。

关中盆地位于陕西省中部，南依秦岭，北靠黄土高原，西起宝鸡，东至潼关，东西长约360千米，南北宽30~80千米。关中盆地地势平坦，土质肥沃，水源丰富，机耕、灌溉条件优越，是陕西自然条件最好的地区，号称"八百里秦川"。从军事地理来看，关中是指"四关"之内，即东潼关、西大散关、南武关、北萧关。关中经汉中控制巴蜀粮仓，西接河西之地，北连河套平原，以潼关扼守中原之地，这种地理形势使得关中成为中国历代统治者建立都城首选之地。两千年前的司马迁对关中有过这样的概括："夫做事者必于东南；收功实者常于西北。故禹兴于西羌，汤起于亳，周之王也以丰、镐伐殷，秦之帝用雍州兴，汉之兴自蜀汉。"（《史记·六国年表》）。贾谊在《过秦论》中，特别强调在秦国崛起过程中关中的地理优势："秦地被山带河以为固，四塞之国也。自缪公以来，至于秦王，二十余君，常为诸侯雄。岂世世贤哉？其势居然也。且天下尝同心并力而攻秦矣。当此之世，贤智并列，良将行其师，贤相通其谋，然困于阻险而不能进，秦乃延入战而为之开关，百万之徒逃北而遂坏。岂勇力智慧不足哉？形不利，势不便也。"清代的历史地理学家顾祖禹把关中（陕西）比作中国的"头项"："陕西据天下之上游，制天下之命者也。是故以陕西而发难，虽微必大，虽弱必强，虽不能为天下雄，亦必浸淫横决，酿成天下之大祸。往者，商以六百祀之祚，而亡于百里之岐周；战国以八千里之赵、魏、齐、楚、韩、燕，而受命于千里之秦。此犹曰非一朝一夕之故也。若夫沛公起自徒步，入关而王汉中，乃遂收巴蜀，定三秦，五年而成帝业。李唐入长安，举秦凉，执棰而笞郑夏矣。盖陕西之在天下也，犹人之有头项然。患在头项，其势必至于死，而或不死者，则必所患之非真患也。"（《读史方舆纪要》）

汉中盆地地处中国南方和北方的分界线，是黄河流域与长江流域的分水岭，中国南北交通的枢纽，中国地势第一级阶梯向第三级阶梯的过渡地带。汉中盆地北有南北分水岭秦岭，南有大巴山、米仓山，东有伏牛山，东南有武当山，西有青藏高原、岷山，战略位置非常重要，是历代兵家必争之地，《读史方舆纪要》评价说："北瞰关中，南蔽巴、蜀，东达襄、邓，西控秦、陇，形势最重。"

四川盆地地处我国西部青藏高原和东部丘陵、平原的过渡地带，处于北方黄河流域和南方长江流域的交汇点，也是我国东与西、南与北交汇的战略要冲。它西有青藏高原，北有秦岭、大巴山，东有巫山，南有云贵高原、大娄山，东南有武陵山、雪峰山，西南有横断山，盆底有沃野千里和最为富庶的川西平原，易守难攻，是我国最理想的战略后方基地。《读史方舆纪要》评价说："四川非坐守之地也。以四川而争衡天下，上之足以以王，次之足以霸；恃其险而坐守之，则必至于亡。""是故从来有取天下之略者，莫不切切用于蜀。"由此可见四川战略地位之重要。

20世纪60年代，我国为了应付苏美两个超级大国，预防世界大战的发生，进行了大规模的三线建设，当时划分的三线地区是：甘肃乌鞘岭以东、京广铁路以西、广东韶关以北的广大地区，具体来说，是指我国西南的四川、贵州、云南，西北的陕西、青海、甘肃的部分地区，中原的豫西、鄂西，华南的湘西、粤北、桂西北，华北的山西、冀西。这些地区位于我国腹地，高离海岸线700千米以上，离西面、北面疆域上千千米，四周有青藏高原、云贵高原、太行山、贺兰山、吕梁山、大别山等山脉作为天然屏障，东面的京广线便于大规模的调兵，便于守土作战，在战争形势下，这些地区是较为理想战略后方基地。在 20 世纪 60 年代，毛泽东选择这一地区作为我国战略大后方，对我国国防建设具有深远的历史意义。江泽民曾指出，毛主席做出的这个战略决策是完全正确的，是很有战略眼光的。

从 20 世纪 80 年代起，世界进入高科技信息化时代，计算机、航空、航天技术突飞猛进，使现代战争向立体化方向发展。有人认为武器装备技术的提高，特别是先进信息技术在武器装备上的广泛应用，使战争的透明性显著增强，军事目标的隐蔽性大大降低，军事打击的命中率、精确度大大提高。与此同时，由于先进的中、远程运载武器的发展，大大缩短了敌对双方的距离，使战争无纵深、无战略前后方之分。因此，我国 20 世纪 60 年代建设起来的西部军事工业，已失去了分散、隐蔽的意义。然而，在现代高科技战争下，战场距离大大缩短，空中打击、精确制导虽然能起一定的作用，但最终解决问题还是得靠地面战争。美国进攻南联盟、阿富汗、伊拉克这类小国，最终也得靠地面进攻。在现代高科技战争下，战争首先要摧毁的是对方的铁路、公路、港口、码头、机场、邮电、通信等基础设施，使对方陷入瘫痪状态；首先要打击的是对方政治、经济、文化中心，使对社会混乱直至瓦解。因此，国家总的战略后方基地具有生死攸关的作用。

中国西部具有丰富的石油、铁矿、锑、锡、铀等稀有战略矿产资源以及丰富的能源资源。在三线建设时期，我国在四川盆地、汉中盆地建立了上千个国防企业和科研机构，建立了电子工业基地、航空工业基地、航天工业基地、核工业基地、兵器工业基地、船舶工业基地，形成了完整的国防科技工业体系。同时，也配套建立了独立的冶金工业、机械工业、电力工业、煤炭工业、原材料工业、轻工业、交通运输业，西部民用工业自成体系。一旦战事发生，西部战略基地可以源源不断地为东部前线提供武器弹药、军用物资、能源供应。因此，西部地区是我国地缘战略安全的要地。

三、我国构建以国内大循环为主体的"双循环"新发展格局

当今世界正经历百年未有之大变局，中国发展仍然处于重要战略机遇期，但机遇和挑战都有新的发展变化。目前，国家保护主义、单边主义盛行和地缘政治风险不断上升，中国经济正处于转变发展方式、优化经济结构、转变增长动力的关键时期。我国经济发展前景广阔，但也面临结构性、体制性、周期性问题交织带来的困难和挑战。我国面对复杂多变的国际国内环境，在新时代如何在国际竞争和合作中赢得新优势？如何克服国内错综复杂的矛盾赢得高质量发展？《中共中央关于制定国民经济和社会发展第十四个五年规划和二〇三五年远景目标的建议》提出，要加快构建以国内大循环为主体、国内国际双循环相互促进的新发展格局，是以习近平同志为核心的党中央根据中国新发展阶段、新历史任务、新环境条件作出的重大战略决策，这是习近平新时代中国特色社会主义经济思想的又一重大理论成果。从经济发展的本质看，构建国内国际双循环相互促进的发展新格局，是用好国际国内两个市场、不断推动我国经济高质量发展的必然要求。

"十四五"时期的经济社会发展要以推动高质量发展为主题，以深化供给侧结构性改革为主线，以改革创新为根本动力，加快构建新发展格局。构建新发展格局，关键在于实现经济循环流转和产业关联畅通，根本要求是提升供给体系的创新力和关联性，解决各类"卡脖子"和瓶颈问题，畅通国民经济循环。而要想做到这一点，我们必须深化改革、扩大开放、推动科技创新和产业结构升级，要以实现国民经济体系高水平的完整性为目标，突出重点，抓住主要矛盾，着力打通堵点，贯通生产、分配、流通、消费各环节，实现供求动态均衡。

四、西部地区构建"北斗+"数字产业生态体系的战略意义

当今世界正经历百年未有之大变局，在世界新旧格局转换的动荡时期，战争是推动世界新旧格局转换的主要动力，因此战争是不可避免的。面对错综复杂、险象环生的国际形势，中国正加快构建以国内大循环为主

体、国内国际双循环相互促进的新发展格局。因此，我国西部地区战略地位就又一次突显出来了，西部地区将又一次迎来大发展机遇，"新三线建设"又将走向历史前台。

党的二十大报告提出，建设现代化产业体系，坚持把发展经济的着力点放在实体经济上，推进新型工业化，加快建设制造强国、质量强国、航天强国、交通强国、网络强国、数字中国。推动战略性新兴产业融合集群发展，构建新一代信息技术、人工智能、生物技术、新能源、新材料、高端装备、绿色环保等一批新的增长引擎。加快发展数字经济，促进数字经济和实体经济深度融合，打造具有国际竞争力的数字产业集群。优化基础设施布局、结构、功能和系统集成，构建现代化基础设施体系。

北斗卫星导航系统是国家关键基础设施，是为全球用户提供全天候、全天时、高精度的定位、导航和授时服务的国家重要时空基础设施，是大国重器。北斗卫星经过了三代的发展，从最初的区域有源定位，到现在的全球无源定位，实现了从跟随到领先的历史性跨越。北斗卫星导航系统的成功建设将对国家安全和经济社会发展产生重大影响。一是有利于提高国家安全和国防能力。北斗卫星导航系统是中国的战略资源，是维护国家主权和领土完整的重要手段。北斗卫星导航系统可以为军事指挥、战场态势、武器制导、信息作战等提供精确可靠的服务，提高了中国军队的作战效能和打赢能力。北斗卫星导航系统也可以为国家应急救援、防灾减灾、反恐维稳等提供有效支撑，提高了中国应对各种风险挑战的能力。北斗卫星导航系统还可以为国家重大工程、重要活动、重点领域等提供安全保障，提高了中国维护国家利益和社会稳定的能力。二是有利于推动经济社会发展和民生改善。北斗卫星导航系统是中国的经济资源，是推动国民经济和社会发展的重要动力。北斗卫星导航系统可以为交通运输、农林渔业、电力通信、金融支付等提供高效便捷的服务，提高了中国各行各业的生产效率和管理水平。北斗卫星导航系统也可以为城市规划、环境保护、文化旅游等提供智能化解决方案，提高了中国城乡建设和生态文明建设的质量和水平。北斗卫星导航系统还可以为公共服务、特殊关爱、大众应用等提供人性化服务，提高了中国人民群众的幸福感和获得感。三是有利于推动科技创新和产业发展。北斗卫星导航系统是中国的创新资源，是引领科技创新和产业发展的重要引擎。北斗卫星导航系统在空间技术、时间频率技术、微电子技术等方面取得了一系列原创性突破，提高了中国自主创新和核心竞争力。北斗卫星导航系统也带动了芯片模块、终端产品、应用平台等相关产业链的发展壮大，形成了规模化、多元化、国际化的产业体系。北斗卫星导航系统还催生了与互联网、大数据、人工智能等新兴技术的深度融合，孕育了无人驾驶、智慧城市等新兴领域。

在西部地区构建"北斗+"数字产业生态体系，不但有利于推动西部地区经济社会发展和民生改善，有利于推动西部地区的科技创新和产业发展，而且最为重要的是西部地区是国家战略后方基地，是国家产业备份基地，一旦战争爆发，西部地区可以源源不断地为东部前线提供精确可靠的军事指挥、战场态势、武器制导、信息作战等信息服务，以及武器弹药、军用物资、能源供应、民用物资等保障。

第四章 当前世界卫星导航系统发展概况

一、世界卫星导航发展概况

目前，世界卫星导航领域建成并提供服务的卫星导航系统，主要有美国的 GPS、俄罗斯的 GLONASS、欧洲的 Galileo 和我国的北斗卫星导航系统。美国 GPS、俄罗斯 GLONASS、我国北斗和欧洲 Galileo 四大卫星导航系统已提供全球服务，印度 Navlc（印度导航星座）和日本 QZSS（准天顶系统）两个区域系统也向用户提供区域服务，世界卫星导航新格局基本形成。

美国 GPS 是世界上最早开发、综合性能最优的导航系统，该系统从 20 世纪 70 年代开始研制，历时 20 年，耗资约 300 亿美元，于 1994 年全面建成。当前，GPS 系统共有 35 颗卫星在轨，30 颗正常运行，全球覆盖率高达 98%。该系统具备多重优点，能提供全球性、全天时、全天候的高精度服务，系统操作性强，可以提供两个等级的服务以实现军民两用。根据《GPS World》杂志统计，GPS 的相关应用已经超过 500 种，预计今后数年市场仍将以超过 25% 的年平均增长率发展。该系统在全世界范围内具有较大的影响力和市场占有率，是北斗系统进一步发展的强劲对手。

俄罗斯 GLONASS 系统于 1976 年启动，1995 年实现完整星座部署。该系统总计由 30 颗卫星组成，其中 3 颗备用，其余 27 颗均匀分布在 3 个轨道平面。此外，与北斗系统和 GPS 有所不同的是，GLONASS 系统采用军民合用的方式，以不同信号编码区别军用与民用，用户不需要发射电磁信号即可实现定位，隐蔽性好。此外，该系统多采用频分多址（FDMA）方式，区别于 GPS 每颗卫星频率都不相同的方式，具有较强的抗干扰和生存能力。就目前来说，GLONASS 系统的综合性能与应用开发都保持在较高水平，具有明显的竞争优势和潜力。

欧洲伽利略卫星导航系统（Galileo）是世界上第一个基于民用的全球卫星导航系统。为打破欧洲对美国 GPS 的依赖，欧盟于 1999 年首次公布该计划，总投入超过 34 亿欧元。该系统共采用 30 颗同高度卫星，分 3 条轨道，每条轨道有 9 颗卫星正式使用，1 颗备用。因经济因素及成员国之间的分歧，伽利略计划几经推迟，但仍于 2008 年开始运营，为欧盟的工业和商业上带来了可观的经济效益，在提升欧盟国际地位的同时，也为将来建设欧洲防务创造了条件。

北斗卫星导航系统（以下简称"北斗系统"）是中国着眼于国家安全和经济社会发展需要，自主建设、独立运行的卫星导航系统。经过多年发展，北斗系统已成为面向全球用户提供全天候、全天时的高精度定位、导航与授时服务的重要新型基础设施。

20 世纪后期，中国开始探索适合中国国情的卫星导航系统发展道路，逐步形成了三步走发展战略：1994 年，中国开始研发独立自主的卫星导航系统，至 2000 年年底建成北斗一号系统，采用有源定位体制服务中国，成为世界上第三个拥有卫星导航系统的国家；2012 年，建成北斗二号系统，面向亚太地区提供无源定位服务；2020 年，北斗三号系统正式建成开通，面向全球提供卫星导航服务，标志着北斗系统"三步走"发展战略圆满完成。

2012 年 12 月，北斗二号系统建成并提供服务，这是北斗系统发展的新起点。2015 年 3 月，首颗北斗三号系统试验卫星发射。2017 年 11 月，完成北斗三号系统首批 2 颗中圆地球轨道卫星在轨部署，北斗系统全球组网按下快进键。2018 年 12 月，完成 19 颗卫星基本星座部署。2020 年 6 月，由 24 颗中圆地球轨道卫星、3 颗地球静止轨道卫星和 3 颗倾斜地球同步轨道卫星组成的完整星座完成部署。2020 年 7 月，北斗三号系统正式开通全球服务，"中国的北斗"真正成为"世界的北斗"。

北斗系统具有以下特点：一是北斗系统空间段采用三种轨道卫星组成的混合星座，与其他卫星导航系统相比高轨卫星更多，抗遮挡能力强，尤其在低纬度地区性能优势更为明显。二是北斗系统提供多个频点的导航信号，能够通过多频信号组合使用等方式提高服务精度。三是北斗系统创新融合了导航与通信能力，具备定位导航授时、星基增强、地基增强、精密单点定位、短报文通信和国际搜救等多种服务能力。

二、世界四大卫星导航系统定位精度比较

卫星导航系统的定位精度主要由两方面因素决定，一是位置精度衰减因子（PDOP），二是用户等效测距误差（UERE）。PDOP 主要取决于星座的覆盖特性，目前四大全球卫星导航系统，PDOP 均值相当，一般为 2 左右。UERE 由空间段卫星轨道钟差、传输段的电离层和对流层误差、用户段接收机噪声和多径误差三部分构成。其中空间段轨道钟差可用用户测距误差（User Range Error，URE）来衡量，这是评估空间信号精度的重要指标，也是国际上各大系统性能竞技的主要标准。

美国 GPS 系统空间信号精度均值为 0.5m（最差为 0.66m，最好为 0.36m）。

俄罗斯 GLONASS 系统定位精度水平优于 5 米，高程优于 9 米，与其他系统定位精度相当。考虑到各大系统卫星星座基本完备，PDOP 均值相当，扣除传输段和用户段的误差因素，可知 GLONASS 系统的空间信号精度基本与其他全球系统相当。

北斗三号卫星空间信号精度均值为 0.41m。在当前星座条件下，B1I、B3I 信号定位精度水平约 3.6m，高程约 6.6m，测速精度约 0.05m/s，授时精度 9.8ns（95%置信度），亚太地区精度提升约 30%；B1C、B2a 信号定位精度水平约 2.4m，高程约 4.3m，测速精度约 0.06m/s，授时精度 19.9ns（95%置信度）。相较于美国 GPS 和俄罗斯 GLONASS 等系统，北斗系统的空间信号精度相当，定位、测速和授时能力都非常优异。

欧洲 Galileo 系统当前空间信号精度均值为 0.27m，授时精度为 16.8ns。值得关注的是，Galileo 系统在 2017 年，18 颗卫星 72 台原子钟中，高达 9 台出现故障（含铷钟、氢钟）；2019 年更是出现长达 117 小时的服务中断，影响了服务的可靠性，更是增加了用户使用其服务的疑虑。

三、世界卫星导航多系统兼容与互操作成为发展主流

兼容与互操作是国际卫星导航领域从单一 GPS 到多 GNSS（全球卫星导航系统）时代发展的重要趋势。兼容是指独立或联合使用多个全球和区域卫星导航系统及其增强系统，不给单个系统的导航服务带来不可接受的影响（有害干扰）；互操作是指通过使用多个全球和区域卫星导航增强系统及其开放服务，在用户层面能比单独依赖单个系统的开放信号获得更好的能力。兼容是互操作的前提，为保证自主知识产权，开放信号的互操作可以在有各自独特设计的基础上实现频谱的相似性，同时实现星座互补、时间互操作、坐标相互转换，为用户提供更好的服务。

世界各卫星导航系统一直在加强兼容与互操作国际协调，全球卫星导航系统国际委员会（ICG）的重要宗旨就是为了增强兼容与互操作，推动全球应用。以美国为例，2007 年 7 月，美国 GPS 系统与欧洲 Galileo 系统签署兼容与互操作协议，将 MBOC（6，1，1/11）调制信号作为其互操作民用信号；日本 QZSS 系统的主要功能即是对 GPS 的区域补充与增强；2019 年 12 月，美国宣布将印度 NavlC 区域导航系统，在继欧洲 Galileo 和日本 QZSS 之后，同视为其"同盟"导航系统。

我国北斗系统也一直注重和加强与世界主要卫星导航系统的兼容与互操作协调。2017 年 11 月，中美双方签署北斗与 GPS 民用信号兼容与互操作联合声明，北斗和 GPS 在国际电信联盟（ITU）框架下实现射频兼容，北斗 B1C 和 GPS L1C 信号实现互操作，用户在联合使用北斗 B1C 和 GPS L1C 信号时，无须增加成本就可以享受到更好的服务。中俄成立卫星导航重大战略合作项目委员会，已举行 11 次全方位交流协调，签署北斗和格洛纳斯兼容与互操作谅解备忘录、联合声明等成果文件，明确了两系统射频兼容、星座互补。2008 年以来，中欧成立兼容与互操作工作组，共进行 7 轮谈判和多次非正式交流，并在 ITU 框架下完成首轮频率兼容协调，正在持续开展深入协调。

通过加强兼容互操作，四大全球系统可有效改善观测几何，提高全球任何地区的定位精度，提升全球导航服务可用性。从仿真结果来看（仿真

起始时间为 2020 年 1 月 1 日 0 时，仿真步长为 60s，时间为 1 天；PDOP 值按 5 度仰角计算，格网点为 5 度×5 度），北斗自身服务性能优良；同时，为更好地提升多系统导航定位能力，北斗系统对 GNSS 服务性能的提升非常显著。北斗系统对全世界导航的精度、稳定性、可靠性的贡献率可达到 20%以上。

多系统兼容共用是当下的主流趋势，多系统可以为用户提供更优质的服务。北斗系统倡导与其他系统加强兼容与互操作，致力于为全球用户提供更好的服务。从服务能力上来说，北斗系统作为世界一流卫星导航系统，具备独立提供连续稳定可靠高质量服务的能力，北斗二号自开通服务以来，已连续 7 年服务无中断，北斗三号也已连续服务 1 周年。随着北斗全球系统的全面建成，北斗系统的能力将进一步提升，"自主、开放、兼容、渐进"发展的北斗，将会以更加优异的表现，成为国人的不二之选。我国由于已经跟美国 GPS、俄罗斯 GLONASS 等世界主要系统都完成了兼容共用协调，所以大多数用户设备都是包含北斗在内的多系统应用，用户在很多地方使用的导航信号，都有来自北斗系统的服务。

四、高可靠、高稳定连续服务成为全球卫星导航系统所追求目标

GNSS 步入全球应用服务时代，卫星导航系统作为提供时空信息服务的基础设施，具备一流的能力重要，提供一流的服务更重要。高可靠连续服务和高稳定运行能力，成为全球卫星导航系统全面服务时代到来的重要行业标杆，这将是全球服务时代各导航系统比拼的关键。同时，各星基增强系统作为给民航等生命安全用户提供差分增强和高完好服务的基础设施，其连续稳定运行就显得更为重要。

2019 年 7 月 11 日 1 点，欧洲 Galileo 卫星导航系统的服务中断，信号不可用，24 颗卫星全部崩溃，出现长达 117 小时的服务中断。在 ICG 第十四届大会上，Galileo 服务中断事件成为各方关注焦点。会上欧方单位代表作报告，称此次服务中断，是由于地面段升级造成精密时间设施故障，精度未超出承诺的 URE 7 米的指标，但服务连续性、可用性超出指标要求。

Galileo 系统在此次服务中断过程中发现问题、协调解决问题链条和周期较长，才会导致长达 117 小时的服务中断，影响了服务的可靠性，更是增加了用户对使用其服务的疑虑。

中国作为负责任的航天大国，不断提高北斗系统运行管理水平，保障系统连续稳定运行，保持系统性能稳步提升，保证系统信息公开透明，确保系统持续、健康、快速发展，为用户提供高稳定、高可靠、高安全、高质量的时空信息服务。

稳定运行是卫星导航系统的生命线。中国北斗坚持系统思维，构建以齐抓共管多方联保为组织特色、星地星间全网管控为系统特色、软硬协同智能运维为技术特色的中国特色北斗系统运行管理体系，融"常态保障、平稳过渡、监测评估、智能运维"为一体，为系统连续稳定运行提供了基本保障。

①强化常态保障。完善多方联合保障、运行状态会商、设备巡检维护等制度机制，建立协同顺畅、信息共享、决策高效的工作流程，不断提升常态化运行管理保障能力。

②确保平稳过渡。从空间段、地面段、用户段等方面，有序实施从北斗二号向北斗三号的平稳过渡，保障用户无须更换设备，以最小代价享受系统升级服务。

③加强监测评估。统筹优化北斗系统全球连续监测评估资源配置，对系统星座状态、信号精度、信号质量和服务性能等进行全方位、常态化监测评估，及时准确掌握系统运行服务状态。

④提升运维水平。充分利用大数据、人工智能、云计算等新技术，构建北斗系统数据资源池，促进系统运行、监测评估、空间环境等多源数据融通，实现信息按需共享，提升系统智能化运行管理水平。

五、提供多样化服务成为全球卫星导航系统新一轮竞技焦点

目前，世界各卫星导航系统在积极发展多样化服务。美国 GPS 的第三代 GPS III 卫星，播发可与其他 GNSS 互操作的第 4 个民用信号（L1C），提供更高的精度与原子钟服务，后期 GPS IIIF 卫星将提供搜救服务。未来

美国还将对其星基增强系统 WAAS 当前使用的 3 颗 GEO 卫星进行更新换代，通过提供双频多星座服务、增强完好性监测服务进行现代化更新。

俄罗斯 GLONASS 系统将提供 4 类民用服务，即基本开放服务、高可靠和高精度服务、基于载波相位测量与参考站的导航服务、高精度精密单点定位（PPP）服务。同时，GLONASS 系统建有 GNSS 监测与性能评估系统，独立监测系统性能，并评估用户层性能。

欧洲伽利略系统将具备 4 种新服务，包括公开服务导航信息认证、高精度（目标为 0.2 米）、商业认证、紧急告警（与日、印合作）服务。搜救服务方面，国际搜救组织于 2016 年 12 月宣布伽利略系统具备搜救早期服务能力，目前已完成反向链路功能演示测试，并于 2020 年提供正式服务。

根据《新时代的中国北斗白皮书》，北斗系统服务性能优异、功能强大，可提供多种服务，能满足用户多样化需求；包括向全球用户提供定位导航授时、国际搜救、全球短报文通信三种全球服务，向亚太地区提供区域短报文通信、星基增强、精密单点定位、地基增强等四种区域服务。

①定位导航授时服务。通过 30 颗卫星，免费向全球用户提供服务，全球范围水平定位精度优于 9 米、垂直定位精度优于 10 米，测速精度优于 0.2 米/秒、授时精度优于 20 纳秒。

②国际搜救服务。通过 6 颗中圆地球轨道卫星，向全球用户提供符合国际标准的遇险报警公益服务。创新设计反向链路，为求救者提供遇险搜救请求确认服务。

③全球短报文通信服务。北斗系统是世界上首个具备全球短报文通信服务能力的卫星导航系统，通过 14 颗中圆地球轨道卫星，为特定用户提供全球随遇接入服务，最大单次报文长度为 560 比特（40 个汉字）。

④区域短报文通信服务。北斗系统是世界上首个面向授权用户提供区域短报文通信服务的卫星导航系统，通过 3 颗地球静止轨道卫星，为中国及周边地区用户提供数据传输服务，最大单次报文长度为 14 000 比特（1 000 个汉字），具备文字、图片、语音等传输能力。

⑤星基增强服务。创新集成设计星基增强服务，通过 3 颗地球静止轨道卫星，向中国及周边地区用户提供符合国际标准的Ⅰ类精密进近服务，

支持单频及双频多星座两种增强服务模式，可为交通运输领域提供安全保障。

⑥精密单点定位服务。创新集成设计精密单点定位服务，通过 3 颗地球静止轨道卫星，免费向中国及周边地区用户提供定位精度水平优于 30 厘米、高程优于 60 厘米，收敛时间优于 30 分钟的高精度定位增强服务。

⑦地基增强服务。建成地面站全国一张网，向行业和大众用户提供实时米级、分米级、厘米级和事后毫米级高精度定位增强服务。

世界各大卫星导航系统供应商都在积极致力于拓宽卫星导航的服务范畴，以更好地满足用户多样化需求。服务的多样化已成为未来全球卫星导航系统的发展趋势和竞技比拼的新大招。在此趋势下，中国的北斗系统的基本服务能力与各大卫星导航系统相当，已跻身世界一流系统行列；同时，北斗系统可提供短报文通信、国际搜救、精密单点定位和星基增强等多样化的特色服务，在服务多样化的浪潮中积极发挥引领作用，为世界卫星导航发展贡献了中国方案、中国智慧。

六、全球各卫星导航系统加速更新换代，瞄准 2035 年前后开启新一轮激烈竞争

2020 年，是四大全球卫星导航系统全部完成全球部署、提供服务的新起点，世界卫星导航发展迈入了新纪元；同时，这也是四大系统瞄准 2035 年前后形成新能力，开始升级换代的新起点。

当前全球 GNSS 系统正在加速更新换代。美国 GPS 的发展目标是为了维持其在 GNSS 领域中的领导地位，从 1996 年以来，一直在持续不断地推进 GPS 现代化进程，特别是 GPSIII 和 GPSIIIF 卫星的研发与部署。GPSIIIF 与 GPSIII 相比，卫星性能进一步提高，包括区域军事保护能力可在战区提供高达 60 倍的抗干扰能力，以确保美国和盟军在敌对环境中使用 GPS 不被拒阻；增加提高精度的激光后向反射器阵列和新的搜救有效载荷；实现全数字导航有效载荷。近年来，美国又开展 NTS-3（导航技术卫星三号）实验，这是美国近 50 年来首次进行此类实验。在 20 世纪 70 年代，海军研究实验室的 NTS-1 和 NTS-2 卫星实验引领了 GPS 星座的发展。

NTS-3 型先锋号卫星在 2023 年年底发射，将开展 100 多种实验，有望突破定位、导航和授时（PNT）技术的界限，为卫星导航的更灵活、更稳健和更具弹性的体系结构铺平道路。

俄罗斯 GLONASS 系统一直以来也在推进其系统的现代化，在 2022—2030 年，主推 K2 星系列，至 2030 年至少将有 12 颗 K2 MEO 星在轨工作，卫星广播的信号有 L1OC、L2OC、L3OC（CDMA）、L1OF 和 L2OF（FDMA），利用统一的相控阵天线后向兼容接收所有信号，以期实现空间信号的用户测距误差平均为 0.2~0.3m，同时运用新技术实现星钟稳定度为 5×10-15。GLONASS 系统还计划在 2030 年前完成高轨空间复合体星座建设，共有 3 个轨道 6 颗 IGSO 星，轨道倾角为 64.80，轨道高度在 34 000~38 000 千米，计划 2026 年将发第一颗卫星。该星座将有效改善 GLONASS 系统的 GDOP 性能，使东半球导航精度提高 25%，增加城市峡谷、北极地区 GLONASS 系统高精度服务的可用性与覆盖范围，同时保障 PPP 校准和高精度服务的完好性。

欧洲正在积极研发部署伽利略二代（G2G），从 2013 年开始就开展了技术与系统研究，并于 2020 年完成了系统、卫星和地面部分的采购。目前，第二代伽利略卫星 12 颗正在研发制造中，计划采购的卫星总数是 24 颗。目前计划于 2025—2026 年发射第一颗 G2G 卫星，启动在轨验证，2028 年 G2G 提供初始服务，2031 年实现 G2G 的完全服务能力。

北斗三号卫星导航系统已于 2020 年 7 月 31 日建成正式开通，提前半年完成组网，为全球提供更加优质、更加多样的服务。面向未来，中国将建设技术更先进、功能更强大、服务更优质的北斗系统，建成更加泛在、更加融合、更加智能的综合时空体系，提供高弹性、高智能、高精度、高安全的定位导航授时服务，更好地惠及民生福祉、服务人类发展进步。

我国要建强北斗卫星导航系统，建成中国特色北斗系统智能运维管理体系，突出短报文、地基增强、星基增强、国际搜救等特色服务优势，不断提升服务性能、拓展服务功能，形成全球动态分米级高精度定位导航和完好性保障能力，向全球用户提供高质量服务。

我国要推动北斗系统规模应用市场化、产业化、国际化发展，提供更加优质、更加多样的公共服务产品，进一步挖掘市场潜力、丰富应用场景、扩大应用规模，构建新机制，培育新生态，完善产业体系，加强国际产业合作，打造更加完整、更富韧性的产业链，让北斗系统发展成果更好地惠及各国人民。

我国要构建国家综合定位导航授时体系，发展多种导航手段，实现前沿技术交叉创新、多种手段聚能增效、多源信息融合共享，推动服务向水下、室内、深空延伸，提供基准统一、覆盖无缝、弹性智能、安全可信、便捷高效的综合时空信息服务，推动构建人类命运共同体，建设更加美好的世界。

第五章 西部地区构建北斗导航产业生态体系的机遇和挑战

一、面临发展机遇

当前，新一轮科技革命和产业变革深入发展，数字经济已成为当前最具活力和创造力、辐射最广的经济形态。互联网、大数据、云计算、人工智能、区块链等技术加速创新，日益融入经济社会发展各领域全过程，推动着新的信息密集型服务高速发展。智慧地球、智慧城市、智慧生活都需要实时的、泛在的感知信息的支持，而泛在感知的绝大部分信息都需要时间和位置信息。工业互联网、物联网、车联网等新兴应用领域和自动驾驶、自动泊车、自动物流等新技术持续创新，交通、电力、通信、能源等关键行业领域日益依赖精准安全可靠的时空信息，因此卫星导航系统在国家基础设施中的战略地位更加突出，成为基础设施的基础，对基于卫星导航的高精度定位导航授时服务需求强劲。

（一）GNSS 应用的国际市场需求旺盛

GNSS 基础产品主要包括芯片、模块、天线、板卡等，是 GNSS 应用的基础，处于卫星导航产业的上游，国际市场对 GNSS 基础产品需求旺盛。据欧盟空间计划署（EUSPA）预测，全球 GNSS 接收器年度出货量（年度销售设备数量）将在十年内持续增长，从 2021 年的 18 亿台增加到 2031 年的 25 亿台；GNSS 基础产品总体安装量将从 2021 年的 65 亿台增加到 2031 年的 106 亿台。从需求区位看，未来几年，亚太地区对 GNSS 基础产品的需求最为旺盛；从应用领域看，智能手机、车载终端、可穿戴设备等与大众消费有关的领域对 GNSS 基础产品需求最大。亚太地区在设备销售和服务收入方面分别占全球份额的 36% 和 40%，继续占据全球主导地位。2021年，全球 GNSS 设备的出货量达到 18 亿台，其中绝大多数与消费类解决方案、旅游和健康细分市场有关；智能手机和可穿戴设备约占全球年出货量的 92%，亚太地区将继续占有最大的市场份额。2021 年，GNSS 设备的全球保有量达到 65 亿台。其中，消费类市场设备保有量占比最高，为 89%。排名第二的是道路和汽车市场，设备保有量占比为 9%。在其他市场中，第一是航空和无人机领域，设备保有量达到 4 200 万台，在其他市场中占比 62%，第二是海事领域，设备保有量占比 16.8%，第三是农业领域，保有量不足 500 万台，在其他市场中占比 6.7%。

GNSS 应用服务的国际市场需求持续增长。GNSS 应用服务主要包括基于 GNSS 的增强服务和增值服务。GNSS 增强服务是指提高 GNSS 性能（如精度、可靠性、完好性和可用性）的服务；GNSS 增值服务主要指基于 GNSS 的下游服务，通过使用 GNSS 信号为用户提供额外的效用和利益。国际市场对 GNSS 应用服务和设备的需求保持持续增长，对服务多元化、场景化的要求将持续提高。据 EUSPA 预测，全球 GNSS 应用服务收入将从 2021 年的约 1.15 万亿元人民币增长到 2031 年的超过 3 万亿元人民币。其中，GNSS 增值服务收入在 GNSS 应用服务收入中的比重将持续增大，到 2031 年占比将超过 85%。

GNSS 行业应用的国际市场需求快速增长。GNSS 行业应用正朝着精准、泛在、融合、安全和智能的方向发展。消费者解决方案、道路交通、旅游、健康、航空、农业、无人机、基础设施等领域需求旺盛。其中，消费者解决方案和道路交通领域的 GNSS 收入将占到所有行业收入的九成左右。消费者解决方案的收入主要来自使用基于位置的服务和应用程序的智能手机和平板电脑的数据收入；道路交通领域的大部分收入来自用于导航（车载系统）、紧急援助以及车队管理应用程序的设备。据欧盟空间计划机构 EUSPA 发布的数据，到 2031 年，全球 GNSS 服务收入（包劳动含增值服务和增强服务）将达到 4 050 亿欧元，在全球 GNSS 下游市场总收入的占比超过 82%；增值服务预计以每年 11% 的速度飞速增长，到 2031 年达到 3 540 亿欧元，占全部下游市场收入的 71.95%。

GNSS 增强服务的收入预计将以每年 7% 的速度增长，到 2031 年增至

510 亿欧元，届时，亚太地区在全球服务收入中所占份额预计将增至 46%，亚太地区将继续占有最大的市场份额。

（二）我国数字经济发展，为北斗产业化发展带来前所未有的新机遇

"十四五"时期，我国数字经济正转向深化应用、规范发展、普惠共享的新发展阶段。北斗系统作为重要的空间基础设施，具有提供全天候的精准时空信息服务的能力，是产业数字转型的不可多得的原生态、智能型、核心层、体系化推动力，可为加强数字社会、数字政府建设，提升公共服务、社会治理等数字化智能化水平，保障国家数据安全、加强个人信息保护，提升全民数字技能、实现信息服务全覆盖提供技术支持与保障。

我国数字经济发展势头强劲，2020 年，我国数字经济核心产业增加值占 GDP 比重达到 7.8%，数字经济为经济社会持续健康发展提供了强大动力。数据是数字经济的血液，北斗与数字经济最重要的契合点就是北斗所提供的时间、空间数据。数字经济产生、积累的海量数据为北斗应用提供了广阔的场景，运用北斗提供的时空数据可以将各类数据串联起来，并贴上时空标签，使数据的精准程度更上一层楼，形成数据驱动下的智能。通过与数字经济相结合，北斗系统已经在行业领域和大众领域打造了很多数字化应用场景，如智能交通、智慧农业、智慧港口、智能网联汽车、智慧家居等，有力推动了北斗系统规模化应用进程。未来，北斗系统还将与人工智能相结合，打造智能化产品，如智能服务机器人、智能人机交互系统、智能值班系统等，形成人和机器协作共事的常态。

（三）"十四五"期间，我国北斗导航系统产业化应用将上一个新台阶

国家"十四五"规划纲要中明确提出，深化北斗系统推广应用，推动北斗产业高质量发展。突破通信导航一体化融合等技术，建设北斗应用产业创新平台，在通信、金融、能源、民航等行业开展典型示范，推动北斗在车载导航、智能手机、穿戴设备等消费领域市场化规模化应用。国家发展和改革委员会等多个国家部委均发文明确要求加快推动北斗产业的应用和普及。"十四五"期间，我国北斗产业将进入规模化应用和国际化发展阶段，北斗产业发展将上一个新台阶。

2016—2020 年，产业市场规模由 2 118 亿元增长至 4 018.1 亿元。

2021年，产业市场规模达到 4 690 亿元，比 2020 年增长 16.29%；2022年，产业市场规模达到 5 007 亿元，比 2021 年增长 6.76%。随着我国北斗产业不断深入交通、物流、能源、金融、医疗、电力、旅游、农业等应用领域，产业需求不断增加。北京、上海、河北、江苏、广州等省市相继出台了支持北斗产业发展的政策措施，开展"北斗+5G"应用示范，推进北斗技术的深度应用，促进北斗与其他产业的融合发展，加快形成"北斗+"和"+北斗"的新业态、新模式，促进区域高科技产业稳定快速增长。在庞大的市场需求和良好的政策环境推动下，产业发展持续加速，我国北斗产业正进入发展爆发期。

产业集聚趋势将进一步加强。随着我国卫星导航与位置服务产业的快速发展，各地区将根据自身优势和特色，加大对产业的扶持力度，形成各具特色的产业集聚区域。其中，京津冀地区将依托首都政治文化中心和科技创新中心的优势，打造以政府和军工为主导的高端应用市场；珠三角地区将依托制造业和外贸出口的优势，打造以消费电子和智能硬件为主导的终端设备市场；长三角地区将依托金融和互联网的优势，打造以移动互联网和位置服务为主导的软件平台市场；华中地区将依托交通和能源的优势，打造以交通运输和能源管理为主导的基础设施市场；西部地区将依托资源和生态的优势，打造以农业和环保为主导的增值服务市场。

市场需求将持续增长。随着北斗系统的不断完善和应用拓展，北斗导航行业的市场需求将持续增长。一方面，北斗系统将在重点行业中实现更深入的应用和融合，提高行业效率和安全性，创造更多的社会价值。另一方面，北斗系统将在大众领域中实现更广泛的应用和创新，满足人们对于精准时空信息服务的多样化需求，创造更多的消费价值。

市场潜力将进一步被释放。随着国家对于卫星导航与位置服务产业的政策支持力度加大，"十四五"期间，北斗导航产业的市场潜力将进一步被释放。一方面，国家将进一步促进北斗标配化和泛在化发展，推动北斗在各个领域的广泛应用和深度融合。另一方面，国家将进一步推动时空服务和"+北斗"行业的发展完善，培育新的业态和模式，激发新的动能和活力。在北斗系统的推动下，近年来大量民营企业涌入我国卫星导航与位置服务产业，市场规模不断扩大，与北斗系统高度关联的下游应用环节发展尤其迅速。未来随着北斗产业相关产值的进一步提高，以及时空服务和

"+北斗"行业的发展完善，我国卫星导航与位置服务产业将继续蓬勃发展。

二、面临挑战

（一）国际市场竞争激烈

美国的 GPS 曾经是世界上最大的卫星导航系统，在定位、导航、授时服务方面排名第一，具有强大的先发优势。早在 1994 年，GPS 全球覆盖率就已经高达 98%。凭借 24 颗 GPS 卫星导航系统的布设，美国拥有了在全球导航系统的绝对话语权，并基于 GPS 发展出了相关芯片、应用等民用行业，帮助美国在全球范围内获得了政治、军事、科技等垄断性优势。直至今天，美国的 GPS 仍然是最为先进的导航系统之一。

中国北斗系统作为后起之秀，在技术上拥有绝对的后发优势，比 GPS 更强大、更精确、保密性更高。北斗导航系统采用中国独创的四大新型技术：混合星座布局，中圆地球轨道、地球静止轨道、倾斜地球同步轨道联合向全球提供更高精度的定位导航服务，最高精度可达到厘米甚至毫米级。星间链路技术，不需要在全球部署基站。互动技术，独有的短文通讯可以与使用者进行沟通互动。兼容性可与世界各卫星导航系统实现兼容与互操作。但美国的 GPS 系统凭借其先发优势，牢牢掌握了全球导航定位市场。由于 GPS 系统形成的市场壁垒，北斗系统很难立刻瓜分到大量的市场份额，北斗系统的市场占有率始终没有提升。中国北斗系统从北斗 1 号到北斗 3 号全面建成，到推动卫星导航产业实现规模应用和国际化发展，从取得技术突破到产业规模化发展，再到建成北斗导航系统产业大生态系统，还有很长的路要走。

近年来，中美之间的竞争和对抗态势越来越明显。中美之间的竞争主要集中在经济、科技和军事领域。美国担心中国的崛起对其全球霸权构成威胁，因此采取了一系列打压行动。例如，美国对中国科技企业进行制裁和封锁，试图遏制中国的科技发展；对中国的军事行动进行曲解和攻击，试图削弱中国的国防实力。近日，美国再次对中国发起了新一轮的制裁行动，这次的目标是中国的北斗导航系统。美国的"中国委员会"要求将中国科技公司移远通信列入黑名单，限制美国资本进入中国军事企业。他们声称拥有充分的证据，证明移远通信在美国市场已获得市场份额，并向北斗卫星导航系统提供技术支持。美国认为北斗导航系统对中国的军事行动起到了重要作用，因此决定对移动通信实施制裁。

美国对北斗导航系统的制裁无疑给中国带来了困扰和压力。但面对美国这种科技霸凌，中国要坚定信心，加强自身的研发能力和提高技术水平，进一步提升北斗导航系统的竞争力。同时，中国还应积极开展国际合作，以吸引更多国家使用北斗导航系统，推动其国际化进程。只有这样，中国才能在国际舞台上更好地维护自己的利益和尊严。

卫星导航产业链供应链存在严重的安全风险。当前，全球产业链、供应链的韧性和稳定性遭遇了巨大挑战，全球产业链区域化、本土化、短链化发展趋势明显，"断链""脱钩"风险持续攀升，卫星导航产业链供应链也面临安全风险。尤其是包括芯片在内的卫星导航产业上游基础部件，是卫星导航中下游产业发展的重要支撑，是卫星导航产业链安全的关键环节。产业链、供应链的安全风险在卫星导航车载终端行业已经显现。自2020年12月以来，车载卫星导航终端的制造受到较大影响，全球汽车行业因缺乏芯片而面临停产问题，甚至有制造商在汽车前装终端中取消了卫星定位导航功能。可以认为，全球卫星导航产业链、供应链的安全风险给北斗系统规模应用国际化发展带来了负面影响。中国抓紧推动北斗技术和产业发展，实现国家卫星导航定位技术和装备的自主可控，是保障国家战略安全的必经之路和迫切任务。

（二）国内竞争激烈

随着国家鼓励北斗系统推广应用，推动北斗产业高质量发展的规划和政策出台，我国各省市积极结合国家政策，以及自身发展优势和特点为基础，在卫星导航与位置服务产业方面进一步加大了政策扶植力度。其中，北京、上海、广州、湖北、河北、江苏、陕西、重庆、成都等省市在出台的"十四五"规划中，都明确了以发展数字经济为背景，积极鼓励北斗与5G、物联网、人工智能、大数据等技术融合创新，突破关键引领技术，推动北斗在智能交通、智慧港口、智能网联汽车、智慧城市、应急保障、物流、养老、医疗、文旅等诸多领域的规模化应用，推动北斗数字化应用场景建设发展，着力提升北斗在行业领域和大众领域的规模化应用水平。同时，各省市正加快推进在金融、能源、电力、水利、气象、减灾防灾等领域的北斗国产化替代和标准化配置，鼓励创新研发各种具有北斗功能的终端设备和集成化系统，并探索在国民经济关键与命脉行业推动北斗标配化应用。除此之外，各地在强化基础设施建设，打造北斗位置服务平台等方面也加大了力度，显著增强了区域化北斗高精度位置服务综合能力，在进一步扩大北斗应用规模的同时，也提高了北斗应用水平。部分地区还开展了"北斗+5G"应用示范，打造"北斗+"融合应用生态圈，大力促进了北斗与其他产业的融合发展，形成"北斗+"和"+北斗"的新业态、新模式，有效助力了产业经济的转型升级和快速增长。

从产业链看，北斗卫星导航系统产业链分为基础产品、应用终端、系统应用和运营服务四部分。其中上游是基础产品研制、生产及销售环节，是产业自主可控的关键，主要产品包括卫星导航芯片、模块、板卡、天线等。现阶段我国自主芯片、模块、板卡等产品的核心性能与国际水平相当，截至 2021 年年底，国产北斗兼容型芯片及模块销量已超过 2 亿片，季度出货量突破 1 000 万片，国产替代趋势明显。以 u-blox、NovAtel 为代表的国外基础器件厂商长期占据主要市场，随着近几年以和芯星通、华信天线为代表的国产基础产品厂商的崛起，国内厂商的市场份额逐步加大。随着北斗系统从"北斗一号"到"北斗三号"的发展，以北斗星通为代表的国内厂商凭借核心技术能力的不断提升、成本优势的持续积累以及对客户需求的深刻理解，逐渐获取市场份额。经过十余年的发展，国内厂商在我国市场已经基本处于主导地位。卫星导航领域行业参与者主要有国外厂商 Trimble、NovAtel、u-blox 等，以及国内厂商海格通信、振芯科技、司南导航、合众思壮、华力创通、华测导航、中海达等，国内市场竞争进入白热化阶段。

三、西部地区发展北斗导航产业存在明显的短板和弱项

（一）北斗导航上中下游产业链尚未形成

北斗产业链包括空间卫星、地面配套系统、终端设备以及运营服务。国家负责投资完成北斗导航卫星的研制发射以及地面系统的建设，形成北斗导航卫星星座的基础设施。应用产业链分成基础产品（天线、芯片、板

卡等）、终端设备、系统集成和运营服务等主要环节。从产业链条来看，西部地区还未形成从芯片设计、芯片制造、导航地图、终端到系统集成、运营服务的全产业链条。西部地区北斗卫星导航应用发展在芯片研发、芯片制造、设备制造、应用服务解决方案等方面还存在明显的短板和弱项。当前北斗系统产业化、市场化、国际化刚起步，面向用户覆盖产品、终端、平台、服务的完整产业链尚未形成。

（二）企业基础能力较弱，具有国际、国内竞争力的领军企业、链主企业不多

西部地区虽然形成了一批有影响的从事北斗导航产业的公司，如成都振芯科技股份有限公司、长虹佳华控股有限公司、四川九洲电器股份有限公司、成都天奥电子股份有限公司、成都网阔信息技术股份有限公司、成都卫士通信息产业股份有限公司、陕西天润科技股份有限公司、陕西诺维北斗信息科技股份有限公司、西安希德电子信息技术股份有限公司、重庆安远科技股份有限公司、北斗星通智联科技有限公司、昆明安泰得软件股份有限公司等，但西部地区卫星导航企业的技术能力与国际上的领先企业相比仍有一定差距。大众消费和交通是 GNSS 应用的主要市场，GNSS 产值主要指嵌入在手机、可穿戴设备、车载终端中集成 GNSS 功能的核心芯片模组产值。在手机芯片方面，美国博通公司和高通公司、韩国三星集团、中国台湾积体电路制造股份有限公司为核心模组主要供应商，在车规级 GNSS 芯片方面，欧洲意法半导体公司、瑞士 u-blox 公司、美国瑟福和高通等公司是主要供应商；从产业链角度来说，GNSS 设备和服务的最终受益者仍为以美国为核心的利益团体。在卫星导航芯片制造上，我国卫星导航芯片厂商的国际竞争力较弱，欧美主流厂商仍然主导芯片市场。总体来看，由于我国卫星导航企业成立时间较短，领军企业尚未形成，还需进一步提升国际竞争力。

（三）西部地区北斗导航市场化、产业化、国际化商业模式和应用模式还不健全

目前，北斗产业发展主要依靠政策拉动，企业业绩受政策影响较大，经营抗风险能力不强，面向商业企业、个人消费者等领域的市场业务收入

占比低。北斗系统的应用主要分布在交通、气象、水利、防灾减灾等领域，且大多数是国家支持的，目前还没有开始自发的行业采购，还没有找到一个好的应用模式和商业模式，使提供商和消费者的利益达到平衡。由于缺乏好的应用模式和商业模式，北斗导航产业化、市场化、国际化比较艰难。

（四）终端设备性能有待提升，用户规模偏小

在终端产品领域，终端产品进入壁垒相对较低且企业间竞争激烈，从事终端产品研发的厂家规模尚小。由于当前各种技术限制，北斗系统的接收芯片暂时还无法做到与 GPS 一样小巧，硬件体积较大，这对北斗系统进入民用，特别是手持设备造成不小的挑战。同时，北斗终端精度和稳定性不高，指标参数和抗干扰能力还需进一步提升，特别是终端芯片比国外芯片大概要贵 3~4 倍，明显增加了制造成本，不利于北斗终端产品与 GPS 的竞争，在市场上缺乏竞争力。从产品使用规模来看，北斗系统终端正处于测试、定型阶段，产品化在不断推进过程中，虽已经实现小批量供货，但用户规模依然偏小。

（五）运营服务发展空间巨大，开发程度不足

北斗系统最终的功能实现是以行业应用软件为基础，将导航定位产品、技术与用户的业务流程有机结合，提供导航、定位、授时和通信服务功能的系统性解决方案。卫星导航产业不仅是系统上的竞争，更是应用与服务的竞争。目前北斗卫星导航应用系统已在国防信息化建设、水文测报、电力调度、海洋渔业、管道监测、气象监测等领域得到较多应用。与卫星导航产业成熟的国家相比，我国北斗卫星导航应用系统和运营服务处于起步阶段，这些国家的导航产业的总产值中，大部分由导航服务业所创造，其产值能够占到整个产业的 70%，这表明我国在该领域发展的市场空间巨大。我国北斗系统集成和运营服务基于行业需求和北斗系统，有针对性地集成软硬件和平台建设在内的整套解决方案的能力和经验还不足，融合通信系统、英特网、地理信息系统和其他系统的卫星导航新应用、新服务、新系统还需要进一步研究。

第六章　中国北斗导航与位置服务产业发展现状

一、中国北斗导航与位置服务产业概述

北斗系统提供服务以来，已经在我国交通运输、电力金融、海洋渔业、农业林业、水文监测、气象测报、通信授时、救灾减灾、环境保护、国土监测、智慧城市、国防建设、公共安全等领域内得到广泛应用，服务于国民经济的各个领域，产生了显著的经济效益和社会效益。基于北斗系统的导航服务已被电子商务、移动智能终端制造、位置服务等厂商采用，广泛进入中国大众消费、共享经济和民生领域，应用的新模式、新业态、新经济不断涌现，深刻改变着人们的生产生活方式。中国卫星导航定位协会公布的《2023 中国卫星导航与位置服务产业发展白皮书》的数据显示，2022 年我国卫星导航与位置服务产业总体产值达到 5 007 亿元人民币，较 2021 年增长 6.76%。其中，包括与卫星导航技术研发和应用直接相关的芯片、器件、算法、软件、导航数据、终端设备、基础设施等在内的产业核心产值同比增长 5.05%，达到 1 527 亿元人民币，在总体产值中占比为 30.50%。由卫星导航应用和服务所衍生带动形成的关联产值同比增长 7.54%，达到 3 480 亿元人民币，在总体产值中占比达到 69.50%。当前，我国卫星导航与位置服务领域企事业单位总数量仍保持在 14 000 家左右，从业人员数量超过 50 万人。截至 2022 年年底，在境内上市的业内相关企业（含新三板）总数为 92 家，上市公司涉及卫星导航与位置服务的相关

产值约占全国总体产值的 9.02% 左右^①。

北斗三号开通以来，系统运行连续、稳定、可靠，服务性能世界一流。北斗三号在轨的 30 颗卫星运行状态良好，星上 300 余类、数百万个器部件全部国产，性能优异。实测表明，北斗三号系统全球定位精度优于5 米，在亚太地区性能更好，服务性能全面优于设计指标。系统实现了智能运维、在轨卫星软件重构升级，实时全球监测评估，及时发布系统动态，自开通以来连续稳定运行，性能稳步提升。

在产业化发展方面，北斗坚持在发展中应用、在应用中发展，不断夯实产品基础、拓展应用领域、完善产业生态，持续推广北斗规模化应用，推动北斗应用深度融入国民经济发展全局，促进北斗应用产业健康发展，为经济社会发展注入强大动力。产业链、供应链安全稳健，基础持续夯实，形成芯片、模块、天线、板卡等完整型谱，软件、算法等完全自主研制。国外同类芯片支持北斗系统，形成良性发展态势。截至 2022 年年底，国产北斗兼容型芯片及模块销量累计已超过 3 亿片，具有北斗定位功能的终端产品社会总保有量超过 12.88 亿台（套）（含智能手机），且芯片技术持续突破，12 纳米工艺、低功耗芯片即将推出。北斗行业应用全面覆盖，部分应用场景已实现北斗功能标配化。行业"+北斗"蓬勃发展，时空信息业务需求已经深入许多行业最基层的业务环节，行业深化应用态势愈加明显，不断打造形成新的业务模式，结合区域高质量发展需求，北斗应用支撑重大区域"一盘棋"统筹发展战略的能力得到进一步增强。此外，北斗大众应用服务正步入快车道，近两年销售的智能手机的北斗功能渗透率接近 100%，高精度定位服务功能也已进入智能手机，支持北斗三号短报文功能的国产智能手机正式发布并进入实测阶段；国内互联网地图服务优势企业普遍实现北斗优先定位，"北斗+"地图导航正在为大众提供更优质的服务；北斗权威检测认证机构已为 20 余款手机和多款智能两轮车颁发北斗认证证书，为拓展北斗在大众领域更大规模的应用市场创造了良好条件。

在市场化发展方面，当前北斗应用推广已遍及市场前景广阔、经济和社会效益显著的重点行业领域。结合区域重大战略和区域协调发展战略，各地也在积极实施行业和区域示范应用，打造"行业+区域"的北斗应用

---

① 本书有关北斗产业发展的数据均来自中国卫星导航定位协会公布的《中国卫星导航与位置服务产业发展白皮书》。

服务新模式，从而有力地提升了细分市场的总体应用规模。同时，为更好地保障北斗规模化应用，国家更加关注北斗基础产品的质量认证和检验检测，从而引导企业增强优质产品供给，进一步优化市场环境。国家市场监管总局于 2022 年 7 月出台的《"十四五"认证认可检验检测发展规划》提出，"十四五"期间将推动北斗基础产品认证的拓展应用，促进基础零部件、元器件质量提升，促进产业基础能力提升，服务制造强国、质量强国建设。该规划的提出，意味着我国将进一步加强北斗基础产品的认证工作，建立实施北斗基础产品认证制度，这是市场监管服务保障国家重大科技战略的重要体现，为构建完善北斗产业高质量发展提供强有力的技术支撑。此外，国家还通过创新体制机制，通过鼓励民营企业参与、建立产业投资基金、加大信贷支持力度和融资担保力度、加强绩效评定、开展第三方产业动态监测等市场化手段推进北斗系统的全面应用。

在国际化发展方面，北斗系统已获得民航、海事、应急搜救等国际组织的认可，这为北斗系统全球化服务奠定了基础。2022 年 3 月，国际民用航空组织（ICAO）明确接受了中国北斗卫星导航系统公开服务承诺，为后续北斗系统标准通过最终审议、正式纳入 ICAO 标准，进而实现服务全球民航应用奠定了坚实基础。2022 年 11 月，国际搜救卫星组织正式宣布中国政府与该组织的四个理事国完成《北斗系统加入国际中轨道卫星搜救系统合作意向声明》的签署，标志着北斗系统正式加入国际中轨道卫星搜救系统；国际海事组织（IMO）海上安全委员会（MSC）认可北斗报文服务系统加入全球海上遇险与安全系统（GMDSS）。中国同阿拉伯国家建立中阿北斗合作论坛合作机制，在突尼斯落成北斗卫星导航系统首个海外中心——中阿北斗/GNSS 中心。中国和俄罗斯分别在对方国家境内建设北斗系统和格洛纳斯系统的跟踪站并运行维护。在白俄罗斯首都明斯克市建成并投入运行北斗三号首个海外综合监测站，向北斗用户提供北斗三号卫星导航信号实时监测服务，以及授时性能、轨道性能的综合评估服务。进一步补充建设北斗三号导航信号实时监测网，完善北斗三号系统的全球监测，并为打造"一带一路"国际合作平台发挥作用。此外，随着北斗国际应用进一步拓展和深化，国内企业依托海外承建的公路、铁路、桥梁、水电、港口、码头等工程项目和海洋运输、洲际物流、能源安全应用项目，积极推动北斗系统在"一带一路"沿线等国家的深化应用，北斗系统在海外的认知度和影响力正不断提升。

在标准化工作方面，在 2022 年全国专业标准化技术委员会考核评估工作中，全国北斗卫星导航标委会（以下简称"北斗标委会"）被评为"一级技术委员会"，标志着北斗标委会工作再上新台阶。截至 2022 年 11 月，北斗标委会已累计发布北斗领域国家标准 32 项、专项标准 123 项，有力支撑产品制造、工程建设、运行维护，推动北斗规模化应用和产业化发展。为进一步发挥标准的基础性、引领性作用，中国卫星导航系统管理办公室于 2022 年 3 月更新发布了《北斗卫星导航标准体系（2.0 版）》。该体系包括基础标准、工程建设标准、运行维护标准和应用标准等分支，基础标准可细分为术语标准、时空基准标准和项目管理标准。应用标准可细分为通用服务与接口标准、通用产品标准、专题应用标准和行业应用标准。该体系共包含标准 292 项，其中收录已发布或已列入编制计划的标准 153 项，占标准总数的 52.4%，包括国家标准 85 项，行业标准 47 项，北斗专项标准 21 项；规划新制定的标准 139 项，占标准总数的 47.6%。2022 年 12 月，《电力北斗标准体系（2.0 版）》更新发布，包括名词术语、时空基准、接口与服务、基础组件、终端、设施、系统应用、信息安全 8 个分支，共计标准 137 项。《北斗卫星导航标准体系（2.0 版）》的发布与实施将持续推动形成包括国际标准、国家标准、行业标准和团体标准在内的相互衔接、覆盖全面、科学合理的应用标准体系，推动产业优化升级。

面向未来，我国将建设技术更先进、功能更强大、服务更优质的北斗系统，建成更加泛在、更加融合、更加智能的国家综合定位导航授时体系，推动产业优化升级。

随着北斗应用的泛在化、嵌入化、隐形化、标配化和业务化发展，未来更多的市场需求将从对定位导航授时技术及综合位置服务的需要，逐渐转变为对时空信息采集与服务的需要，这会使北斗应用规模变得更加巨大，应用场景和模式变得更加多元化，市场也将被重新定义，形成以时空信息获取、处理和服务为主的新经济形态，并必将成为数字经济的重要组成部分。

未来北斗拥有无限应用的可能，正如首任北斗卫星导航系统总设计师孙家栋院士所说的，"北斗的应用只受人类想象力的限制"。中国将持续推进北斗应用与产业化发展，服务国家现代化建设和百姓日常生活，为全球科技、经济和社会发展做出贡献。

二、西部地区北斗导航与位置服务产业发展现状

2022年，全国五大区域卫星导航与位置服务产业保持稳定增长。中国卫星导航定位协会公布的《2023中国卫星导航与位置服务产业发展白皮书》数据显示，2022年，五大区域实现综合产值约3 778亿元，在全国总体产值中占比高达75.44%。其中，京津冀地区综合产值达到1 048亿元，珠三角地区综合产值达到1 028亿元，长三角地区综合产值达769亿元，华中地区综合产值达到497亿元，西部地区综合产值达到436亿元。据不完全统计，截至2022年第四季度，五大区域共累计推广应用各类北斗终端超过1 300万台（套）。而从更大的国家重大区域发展战略范围来看，在京津冀、长三角、粤港澳大湾区、海南自由贸易港、黄河流域、长江经济带等区域，已累计推广应用各类北斗终端接近1 700万台（套）。

西部地区卫星导航与位置服务产业保持稳定增长。2022年，西部地区卫星导航与位置服务产业综合产值达到436亿元，占全国的8.7%，较2021年的384亿元，增长13.54%。作为长江经济带上游地区的重点省市，四川省和重庆市应用北斗助力西部地区双城经济圈建设。《四川省基础测绘"十四五"规划》《四川省加强西部地区双城经济圈交通基础设施建设规划》以及川渝联合发布的《共建长江上游航运中心实施方案》等政策提出，大力推动了西部地区双城经济圈北斗地基增强系统建设，健全了西部地区双城经济圈一体化现代测绘基准体系，打造了智能交通信息网，推动了北斗、5G等新技术与交通运输深度融合。重庆两江协同创新区作为西部地区打造具有全国影响力的科技创新中心的核心承载区，正在加快建设西部地区国家级车联网先导示范区，基于"5G+北斗+V2X三网协同、云网融合"方案，建成了车路协同5G云控平台，打造了针对山地城市交通场景、社会车辆可感知的车路协同示范区，累计完成城市道路网联化升级约400千米，改造路口231个，改装100余辆智慧公交车投入运营，推动了北斗与交通运输深度融合。

四川省拥有振芯科技、九洲集团、天奥电子、华力创通、荣升电子等一批北斗骨干企业，高精度的高端导航及卫星通讯产品全国领先。四川具有全国规模最大，覆盖区域最广，技术领先的省级北斗地基增强系统，能

够为全省提供米级、分米级、厘米级和毫米级的高精度位置服务。目前成都在产业集聚发展态势上，构建形成以成都高新西区北斗产品制造产业集聚区和金牛区西部地理信息科技产业园区为核心，成都芯谷产业园、天府新区盟升电子北斗产业基地等为支撑的"双核多点"北斗产业园区布局体系。绵阳市加速培育的5G、北斗卫星应用、智能网联汽车等新兴产业成为工业新增长点，大力实施北斗关键技术创新与公共服务平台建设工程、智慧绵阳北斗示范应用工程、北斗百城百联百用示范深化应用工程、北斗军民融合综合示范应用工程"四大工程"，努力打造西南第一、国内一流的北斗产业聚集地，加快建设具备国际水平的导航定位与位置服务应用示范城市。

重庆市积极推进北斗产业发展与融合应用，已引进、培育了一批北斗领域知名企业及相关企业，全市北斗产业产值年均增速超过15%；北斗核心元器件、北斗车载智能终端等产业具有较好基础，在智能网联汽车、智慧城市等领域形成典型应用示范。

地处黄河流域中游地区的陕西省通过发展数字经济带动北斗产业发展。《陕西省"十四五"数字经济发展规划》《陕西省加快推进数字经济产业发展实施方案（2021—2025年）》等政策提出，要发展北斗及卫星互联网产业，构建以北斗终端、低功耗核心芯片研发、测控运营、通信应用、位置服务为重点的北斗及卫星互联网产业体系，到2025年构建20个典型北斗卫星应用场景。作为国家重大水利工程，陕西泾河东庄水利枢纽工程开展北斗水利综合应用示范，建成了基于北斗三号的围堰智能施工管理系统，管理人员可以实时掌握施工现场碾压设备的位置、高程、碾压遍数、振动碾行驶速度等参数，对上游围堰碾压施工进行全过程监控，大幅提升了围堰施工质量的管理效率。

此外，自然资源部大地测量数据处理中心在陕西、甘肃、宁夏实现了北斗基准站数据资源实时共享，跨区域服务平台已初步应用于黄河流域河道勘察治理和水土保持，未来还将探索黄河流域实景三维建模、黄河流域生态环境监测、黄河流域边坡地质灾害调查等方面的应用。据不完全统计，截至2022年第四季度，西部川陕渝地区已累计推广应用各类北斗终端接近280万台（套）。

第七章 西部地区构建"北斗+"数字产业生态体系及其目标

一、北斗导航系统发展目标：建成更加泛在、更加融合、更加智能的国家综合定位导航授时体系

北斗三号全球卫星导航系统自 2020 年建成开通以来，运行连续稳定可靠，持续提供功能强大的卫星导航服务和高精度、短报文等特色服务能力已得到充分验证。未来，我国将建设技术更先进、功能更强大、服务更优质的新一代北斗系统，建成更加泛在、更加融合、更加智能的国家综合定位导航授时体系，为实现中国式现代化奠定更加坚实的时空设施基础；发展多种导航手段，实现前沿技术交叉创新、多种手段聚能增效、多源信息融合共享，推动服务向水下、室内、深空延伸，提供基准统一、覆盖无缝、弹性智能、安全可信、便捷高效的综合时空信息服务，推动构建人类命运共同体，建设更加美好的世界。

卫星导航产业已经进入应用与服务全面发展和全面体验的新时代。北斗卫星导航系统已成为中国航天高科技引领产业经济蓬勃发展、可持续发展的典型，成为开辟智能时空信息技术和服务数字经济的佼佼者、赋能者和引领者，成为智能信息产业群体集聚和中国服务国家品牌构建的核心主线和整体架构师。从 2020 年开始，我国卫星导航产业已进入应用与服务全面体验的新时代，在加速推进北斗规模应用市场化、产业化、国际化发展的同时，北斗系统还将积极发展多种导航定位授时技术，在 2035 年前建成以下一代北斗系统为核心，更加泛在、更加融合、更加智能的国家综合时空体系，最终提供基准统一、覆盖无缝、安全可信、便捷高效的定位导航

授时服务，为未来智能化、无人化发展提供核心支撑。在这个新时代，北斗正在与国际 GNSS 产业同步前行，不断地突破多种多样的应用技术瓶颈和产业化市场化发展壁垒，通过体系化促进、平台化运作和融合化创新等多措并举实现阔步前进，不断地创造产业发展的领先优势。

二、"十四五"期间，推广北斗规模化应用，建设四大体系

"十四五"时期，国家将紧紧抓住北斗市场化、产业化和国际化发展的重大机遇，坚持问题导向和目标导向，围绕我国经济转型和社会发展重大需求，以推动北斗规模应用为核心目标，以推进技术创新、强化融合应用和做好条件保障为主要抓手，建设和完善四大体系，持续推动北斗应用深度融入国民经济发展全局。

所谓四大体系建设，一是完善产业创新体系。基于北斗应用需求和产业基础条件，着力突破一批关键技术，打造龙头企业带动牵引、产学研用深度融合的创新体系。结合北斗三号全球卫星导航系统新信号体制、新服务功能，以创新应用带动技术突破，统筹开展北斗产业相关基础研究、应用技术研发，大幅提升产业基础能力。初步建成支撑北斗科技创新与产业发展的学科体系、标准体系、能力评估体系，组建了一批创新能力平台，实现了协同研发、产业融合、应用创新等能力大幅提升。

二是构建融合应用体系。支持和鼓励各行业、各领域围绕落实国家重大战略部署，推动建立和完善"行业+区域"的北斗应用服务模式，构建基于北斗的综合时空信息业务管理平台和应用支撑平台，实现北斗与各类应用的深度有机融合，打造具有中国特色和国际水平的新业态、新模式。推进北斗在能源交通、自然资源、城市建设、生态保护、大众消费等领域应用，提升北斗服务经济社会发展的能力。同时，瞄准综合性场景应用需求，强化北斗应用跨行业、跨区域整体性布局。

三是健全产业生态体系。以市场化方式推动北斗全面应用，持续降低产品和服务成本，提升应用效能，鼓励民营企业参与北斗应用技术研发、产品研制、系统建设，明确风险责任、收益边界，加强绩效评价，形成产业发展良性循环。培育一批创新能力强的骨干企业，带动形成一批具有全球竞争力的产业集群，促进新业态、新模式融合发展，形成完整的泛在定

位导航授时及位置服务产品体系。

四是建设全球服务体系。通过提升技术体系竞争力，实现北斗系统与其他空间基础设施的深度融合，使导航服务质量保障能力达到世界先进水平。支持时空基础数据、北斗时空信息服务、应急救援、电磁干扰监控、室内外导航融合创新，以及北斗应用研发、检测、认证、许可等公共科技与产业服务平台建设，形成北斗全球服务保障。充分发挥北斗短报文等特色优势，面向应急搜救、遇险报警等需求，建立覆盖全球的公共应急服务平台，为海内外用户提供优质服务。

为有效保障四大体系的建设和完善，"十四五"时期，行业主管部门将从加强统筹协调、健全法律法规、完善标准规范和加强宣传推广等几个方面着手，出台一系列保障措施和服务举措，同时加强统筹谋划和顶层设计，强化政府引导作用，进一步完善政策体系，加强监督管理，形成良好市场环境，从而有力推动北斗产业的高质量发展。

三、西部地区构建"北斗+"数字产业生态体系及目标

"北斗+"有两层含义：一是指北斗导航系统与大数据、5G、物联网、工业互联网、卫星互联网、人工智能、云计算、区块链等新型基础设施融合发展；二是指"北斗+"应用，即北斗系统与其他电子产品的集成应用，或将北斗芯片嵌入到其他服务终端、服务产品中，形成在北斗位置服务基础上的其他更多功能服务与应用。

西部地区要抓住国家"十四五"建立国家综合 PNT 体系历史机遇，以市场化方式推动北斗全面应用，鼓励企业、科研院所和高校参与北斗应用技术研发、产品研制、系统建设，形成北斗导航产业发展良性循环。通过北斗与其他新型基础设施融合发展，北斗与各行各业融合发展，培育一批创新能力强的骨干企业，带动形成一批具有全球竞争力的产业集群，促进新业态、新模式融合发展，构建"北斗+"数字产业生态体系，打造数字产业新高地。

第八章 西部地区加快北斗导航系统基础设施建设

一、我国北斗系统增强系统建设

北斗系统增强系统包括地基增强系统与星基增强系统。北斗地基增强系统是北斗卫星导航系统的重要组成部分，按照"统一规划、统一标准、共建共享"的原则，整合国内地基增强资源，建立以北斗为主、兼容其他卫星导航系统的高精度卫星导航服务体系；利用北斗/GNSS 高精度接收机，通过地面基准站网，利用卫星、移动通信、数字广播等播发手段，在服务区域内提供 1~2 米级、分米级和厘米级实时高精度导航定位服务。

北斗地基增强系统于 2014 年 9 月启动研制建设，由中国卫星导航系统管理办公室会同交通运输部、国土资源部、教育部、国家测绘地理信息局、中国气象局、中国地震局、中国科学院等部门，按照"统一规划、统一标准、共建共享"的原则实施。系统建设分两个阶段实施，一期为 2014 年到 2016 年年底，主要完成框架网基准站、区域加强密度网基准站、国家数据综合处理系统，以及国土资源、交通运输、中科院、地震、气象、测绘地理信息等 6 个行业数据处理中心的建设任务，建成基本系统，在全国范围提供基本服务；二期为 2017 年至 2019 年年底，主要完成区域加强密度网基准站补充建设，进一步提升系统服务性能和运行连续性、稳定性、可靠性，使其具备全面服务的能力。

北斗地基增强系统在一个系统内集成了米级、分米级、厘米级和后处理毫米级四类高精度服务，国内外没有先例可循，尚属首创，且北斗地基增强系统极其复杂和庞大，涉及多个系统集成，如图 8.1 所示。该系统涉及卫星定位系统、测绘理论、土建施工、设备仪器安装调试等一系列工作，时间紧、任务重、参加单位多、协调工作量大。项目组克服重重困难，建设工作遍布全国，项目团队足迹遍布全国 30 余个省市自治区，累计行程 42 万千米，相当于绕地球赤道 10 余圈，挑战过高温零上 45 摄氏度、低温零下 40 摄氏度，登临过海拔 5 450 米的雪谷拉山口，奋战了 630 多个日夜，提前完成基准站网络建设任务，为尽早提供服务奠定了基础。

图 8.1　地基增强

2017 年 6 月 7 日，北斗地基增强系统（一期）通过验收，同年 7 月发布了《北斗地基增强系统服务性能规范》，系统开始提供基本服务。2019 年 12 月 22 日，北斗地基增强系统（二期）通过验收，建成了自主可控、全国产化的北斗地基增强系统，填补了全国北斗高精度服务网的空白，形成了基于北斗的一体化高精度应用服务体系。

目前，北斗地基增强系统已经形成由超过 2 500 个地基增强站组成的全球规模最大、密度最高、自主可控和全国产化的北斗地基增强系统"全国一张网"，具备在全国范围内提供实时米级、分米级、厘米级、后处理毫米级高精度定位基本服务能力，系统能力达到国外同类系统技术水平。

北斗星基增强系统北斗卫星导航系统的重要组成部分，通过地球静止轨道卫星搭载卫星导航增强信号转发器，可以向用户播发星历误差、卫星钟差、电离层延迟等多种修正信息，实现对于原有卫星导航系统定位精度的改进。按照国际民航标准，我国已开展北斗星基增强系统设计、试验与建设。目前，我国已完成了系统实施方案论证，固化了系统在下一代双频多星座（DFMC）SBAS标准中的技术状态，进一步巩固了BDSBAS作为星基增强服务供应商的地位。

导航应用作为北斗推广的重要方向，我国在建设时始终把握"互联网+"时代对精准时空服务的基础支撑需求，加大北斗应用推广和产业布局，积极构建"云服务平台（个位数量级的企业）—核心器件（十位数量级的企业）—终端系统（百千数量级的企业）—应用和大数据（万数量级的企业）"高精度位置服务生态圈，面向国民经济重点行业应用、区域集成应用和大众消费市场应用，在更广范围、更高层次、更深程度上推动北斗应用推广，着力打造"基础设施、服务平台、核心技术、产业生态"四位一体的北斗高精度服务能力；将进一步夯实导航芯片、应用标准体系、产品质量监督检验、高精度核心处理软件工程化这四个产业基础；推动北斗在战略性行业、区域经济、海外应用、大众应用等领域的应用。

2015年8月，我国以高精度服务为切入点，融合"互联网+"和"北斗+"发展，打造高精度服务云平台，推出了千寻跬步（Find m）、千寻知寸（Find cm）、千寻见微（Find mm）等一系列共性服务产品，降低了高精度产品研发成本和门槛，构建了高精度应用产业生态，致力于把北斗高精度时空服务打造成公共服务，让北斗高精度不只是测绘等高端用户的专业应用，而是面向大众、触手可及、随需而用的公共服务；通过互联网技术进行大数据运算，为遍布全国的用户提供精准定位及扩展服务，已经在危房监测、铁路应用、精准农业、自动驾驶、智能手机、物流监控等领域得到应用。通过北斗高精度运营服务体系的构建，大幅降低了高精度应用的技术和成本门槛，推动北斗高精度应用从专业领域走入大众、行业领域，像水、电、气一样触手可及、随需而用，在铁路、电网、自动驾驶、无人机植保、互联网汽车、共享单车、危房监测等领域迅速得到应用，探索形成了"在线、智能、互联"的北斗服务平台新运营模式。

近年来，北斗高精度及北斗辅助快速定位用户突破5亿。目前，中国移动、中国电科联合建设的北斗三号区域短报文应用服务平台，将有力推动北斗高精度、短报文服务与5G、大数据、云计算等技术的融合创新，形成北斗全球竞争新优势，支撑经济社会信息化转型升级。

在国民经济行业领域，我国开展了车道级导航、全国水汽总量实时监测、大地坐标测量和保持、地壳运动与地震监测、土地资源调查与监测等行业应用，在铁路、电网、农业等国民经济重点领域积极推广应用了北斗高精度服务。

在区域经济领域，我国实施广西综合应用示范项目，与北京、上海、云南、黑龙江、山西、江西、新疆等地方开展了北斗应用战略合作。

在海外应用领域，兵器工业集团入股中国—东盟信息港股份有限公司，推进中巴经济走廊综合安防安保系统演示验证，实施中俄北斗/格洛纳斯跨境运输车辆联合应用合作。2017 年 10 月 10 日，兵器工业集团成功获得了海外某国全球实时卫星导航系统基站网络建设项目，这也是北斗高精度服务第一次成体系"走出去"。

在大众应用领域，大力推动北斗高精度成为触手可及、随需而用、低成本、高可靠的公共服务产品，使其在辅助驾驶、精准农业、驾考驾培、智慧房管等应用场景得到广泛应用，华为、中兴、小米、HTC 等国内主流手机厂商，上汽、沃尔沃等国内知名汽车企业，大疆、极飞等国内知名无人机企业均已接入北斗高精度服务。北斗高精度智能手机，可以用于汽车的驾驶定位导航。车道级导航可以用到大货车管理、约车，还可用于穿戴式设备、精细农业、港口管理装卸以及汽车智能的驾驶。更高精度毫米级的应用可以用于建筑变形监测、地质灾害检测，泥石流滑坡监测、市政管理、智能旅行等。

二、我国区域北斗地基增强系统建设

继 2013 年 3 月，全国首个省级北斗地基增强网——湖北省北斗地基增强系统建成之后，我国各地区、各行业根据地区特点和行业应用特点，陆续新建或升级改造北斗地基增强系统。根据不完全统计，我国超过 80% 的省份都已完成了北斗地基增强系统项目的验收，并投入运营。

（一）我国东部地区北斗地基增强系统建设

①京津冀地区。2012 年年底，北京市启动了北斗试验网的测试研究工作，完成了六环内的"北斗+GPS+GLONASS"三系统改造；2014 年 11 月

底，完成了全市域共 14 个站的三系统改造，即北京市北斗地基增强系统建设工作。2015 年 10 月 31 日，由天津市勘察院承担的基于北斗地基增强的天津市三维测绘基准体系研究与建设项目通过验收，标志着北方地区首个省市级基于北斗的地基增强系统建成投用，并覆盖天津市全市域范围，将提供优于米级的导航位置服务和厘米级、毫米级精密定位服务。2014 年 1 月，河北省北斗地基增强系统开始全面建设；2014 年 6 月，完成主体网建设及北斗公共应用服务中心数据处理及软件平台研发与初步搭建工作。河北省北斗卫星高精度导航与位置服务项目依托河北省卫星定位综合服务系统，建设新型的省级北斗卫星高精度导航定位与位置服务连续运行参考站网，建立基于北斗的高精度导航与位置综合服务平台，并在河北省逐步推广应用。

②长三角地区。2013 年 9 月 11 日，上海市北斗地基增强系统正式开通运行，上海市北斗地基增强系统与中国测绘院北斗地基增强系统之间已实现了网间互联。2012 年年底，江苏北斗卫星应用产业研究院成立，负责江苏省北斗地基增强系统建设。2013 年 6 月 22 日，江苏省北斗地基增强系统项目建设完成并通过验收。江苏省北斗地基增强系统通过新建或改造已有 GPS 基准站点，计划建立由 72 个北斗地面连续运行基准站组成的网络。到 2017 年，已经建成江苏北斗地基增强系统一期工程（南京）、苏南地区北斗厘米级实时定位系统、兼容 GPS 和 GLONASS 系统的北斗框架网，并在此基础上建成了江苏省广域地基增强系统，该系统共 23 个站点。2013 年 12 月，浙江省北斗地基增强系统开始建设，2015 年进行覆盖全省的北斗地基增强框架网建设，2016 年采购了 24 台国产北斗接收机，加快了北斗地基增强系统在全省的布网。到 2017 年，浙江省已完成全省 11 个地市北斗地基增强系统加密站建设，建成 75 座覆盖全省范围的北斗地基增强系统基准站网，已具备提供全省范围北斗卫星导航与位置服务的能力。

③珠三角地区。2012 年 6 月，广东省北斗地基增强系统启动建设，目的是建设广东省统一规划的北斗地基增强服务系统，实现厘米级实时精密定位增强信息服务，从而全面提升北斗系统的服务性，建立交通、测绘等行业的北斗高精度应用服务。2013 年 7 月，深圳市北斗地基增强系统开始建设。站点选址首先考虑未覆盖地区，同时兼顾站间距，新旧站有机结合且数据可共享，扩大了站网覆盖面；充分发挥新站多系统观测资源，整体

提升了差分数据服务质量。根据国家制定的北斗基准站网的国家标准，在国家部门和地方政府之间形成协调机制，预留接口，资源共享。深圳市北斗地基增强系统选择在原有 CORS 互补区域建设，向覆盖区域提供实时厘米级定位服务。2016 年 1 月，广州市北斗地基增强系统通过验收，标志着可为广州各行业用户提供基于北斗的增强型位置定位服务，广州市智慧城市建设正式进入北斗化时代。该系统完全兼容北斗、GPS、GLONASS 三大系统，验收前经过了约三个月的各种环境下的详细测试，并通过了省级质检单位的质检审核。

④东北地区。2016 年 1 月 27 日，辽宁省北斗地基增强系统通过验收，该系统建成了由 19 座北斗基准站和 1 个数据处理与控制中心组成的框架网络。到 2018 年年底，该系统已覆盖辽宁省全域，并已面向社会投入使用，已为辽宁省测绘、国土管理、城乡建设、水利勘测、气象监测、海洋环境监测和应急保障等专业领域的近百家企事业、科研单位提供定位基准和位置服务。2015 年 11 月 14 日，吉林省北斗地基增强系统正式运行。该系统于 2014 年 12 月正式开工建设，于 2015 年 9 月建成。到 2018 年年底，系统主要服务对象是精密测绘类用户及气象、地震等部门及各类有高精度定位和导航需求的单位或个人。

（二）我国中部地区北斗地基增强系统建设

2013 年 3 月 22 日，湖北省建成了我国首个北斗地基增强系统项目，该系统包括 1 个省级北斗地基增强系统和 1 个数据中心，包括 6 个省级参考站和 24 个区域参考站，可实现厘米级的定位和分米级的导航应用。湖北省北斗地基增强系统是全球首个采用三频定位技术实现厘米级定位的卫星导航系统。2016 年 5 月 24 日，湖北省北斗地基增强系统完成设备安装，实现了全省覆盖。2014 年 12 月 4 日，河南省北斗地基增强系统立项方案通过评审，其中包括建设 48 个北斗基准站、1 个系统控制中心、若干个相关配套项目。2015 年 11 月，河南省北斗地基增强系统（郑州）区域网工程率先在全国地质系统建立了北斗地基增强系统，为实现地质工作主流程信息化搭建了平台，并在河南省首次开展了社会化应用。2015 年 12 月，河南省北斗地基增强系统通过验收。2015 年 1 月，湖南省卫星导航定位公共服务平台北斗信号加载调试工作全部完成。湖南省已拥有 85 个北斗基准站（另有 37 个普通基准站），信号基本覆盖湖南全境，和现有的系统共同运行，能为广大用户提供高效、便捷、权威的导航定位服务。2015 年 6 月 30 日，江西省政府发布的《关于促进北斗卫星导航应用产业发展的意见》指出，江西省还将构建全面覆盖江西地区的北斗地基增强系统，发展北斗时空服务平台，江西省将重点支持北斗产业的基础设施建设、产品研发、应用示范等项目。

（三） 我国西部地区北斗地基增强系统建设

①西南地区。重庆市北斗地基增强系统是我国首个山地区域北斗地基增强系统。系统从 2013 年 7 月开始选址和测试，8 月完成基站建设，9 月完成基站组网联测，10 月结束解算数据和系统调试，正式提供导航定位差分服务。该系统解决了重庆地区山高楼多、地势起伏大造成的信号接收难、定位难、精度低等问题，可服务于城市规划、国土管理、城乡建设、基础测绘、环境监测、交通管理、应急抢险等多个领域。到 2018 年年底，该系统已完成建筑、道路放线、市政放线工程 1 300 余项，基础竣工工程 850 余项，网络 RTK 控制测量 2 500 余点，并建立了合川区 23 个乡镇、覆盖面积逾 1 800 平方千米的基础控制网。2015 年 6 月 5 日，四川省北斗导航民用高精度基础数据中心正式授牌，标志着全国最大的北斗地基增强系统建成并投入使用。该系统包括由 100 座基准站组成的基准站网络、数据处理系统、运营服务平台、数据播发系统和用户终端，兼容北斗、GPS、GLONASS 三大卫星系统，是目前国内站数最多、覆盖范围最广、技术水平领先的省级北斗基准站网络。2016 年 3 月 16 日，由贵州北斗空间信息技术有限公司、贵州省遥感中心、贵州师范大学喀斯特研究院联合搭建的贵州省北斗地基增强单基站系统通过专业测试，正式运行。2016 年 11 月 1 日，"贵阳市北斗地基增强系统"项目被授予 2016 年中国地理信息产业优秀工程银奖。2014 年 10 月，云南省昆明市北斗地基增强网建成并投入运营，由云南北斗卫星导航平台有限公司承建，并完成了覆盖昆明主城区的北斗地面增强网的建设和联网调试工作。该公司预计于 2016 年完成云南全省的北斗地基增强网建设，并将在云南全省范围内提供高精度定位服务。

②西北地区。陕西省的"十三五"重大工程项目中，包括了陕西省的陕西金控北斗协同导航应用系统（投资 12 亿元人民币）和北斗多模地基

增强系统工程（投资 5 亿元人民币）两个重大工程。2015 年 10 月 16 日，敦煌北斗地基增强系统基准站建成，开展北斗差分信息处理，实现了对北斗系统空间信号精度、完好性等服务性能的增强。

　　为解决北斗规模应用推广与产业化中行业与大众对高精度导航定位、卫星导航监测、数据共享等服务需求，2015 年 12 月 4 日，青海省第一测绘院完成了青海省东部地区北斗地基增强系统 10 个北斗基准站的设备安装工作并投入使用。青海省东部地区北斗地基增强系统提升了测绘基准体系的完备性和服务能力，提高了空间基准的自主性和安全性，保障了基础测绘任务的快速更新。这是青藏高原首个区域级北斗地基增强系统。2016 年 8 月 30 日，新疆卫星定位连续运行服务系统（XJCORS）顺利通过验收。该系统基站网络覆盖全疆 90% 以上面积，可与北斗卫星对接。该系统启用后，实现了新疆地理测绘基准的跨越式发展，同时也为新疆建设智慧城市、智能交通、精准农业、现代物流、实时通信等提供高精度的卫星定位和位置导航服务，并带动相关产业发展。到 2016 年年底已有 91 家单位进行了注册，由 XJCORS 提供实时定位服务和静态定位服务。

三、加强西部地区北斗地基增强系统建设

　　加快北斗地基区域增强站等基础设施建设，以北斗地基增强系统为基础，加快综合定位导航授时平台、全空间定位服务系统、通导遥一体化的空天信息系统建设，提升"星地一体"的北斗高精度时空服务信号增强基础能力。建设国家北斗导航位置服务数据中心西部地区中心，实现时空数据资源融合共享，提供厘米级导航定位和位置服务，推进"北斗＋"和"＋北斗"等融合应用模式，打造国内领先的北斗应用基础设施。根据国家制定的北斗基准站网的国家标准，在国家部门和地方政府之间，以及西部各省市之间形成协调机制，预留接口，实现资源共享。

　　根据国家综合 PNT 体系的发展要求，加快移动通信运营网络的同步升级。一是升级基站的时钟系统。基站时钟板升级到 B1、B2 和 L1、L2 四频接收，具有相位差分计算能力。时钟精度至少提高一到二个数量级，位置精度可以达到毫米级。二是增加 CORS 功能模块。增加多星多频的综合解析运算和固定点的统计分析能力。CORS 站的精度在 1~10mm，终端距离

CORS 站越远，结算精度越差，由于现在建设的 CORS 站太少，结算精度只能达到分米级。如果基站增加 CORS 功能模块，会使终端距离基站非常近，定位精度可以达到厘米级。三是建立基站与终端之间的修正误差因子发布机制。增加给终端发布基站所在区域的电波传播误差因子/修正因子的发布功能，使得终端能够及时获得结算所需当地电波传播的参数，使得终端结算精度达到厘米级。

北斗地基增强系统可应用于测绘领域，包括确定财产的界限、财税政策的地籍测量，建筑或民用工程项目的施工测量，制图、环境和城市规划确定坐标的地图制作，矿井开采包括安全检查的矿山测量，海底勘探、潮汐和洋流的估计、近海测量等的海洋测量。

北斗地基增强系统可应用于精准农业，农机导航协助驾驶者按照最优的路线行驶，以减少重叠的风险；自动驾驶彻底替代农机设备的操作；变量速率的应用结合地基增强系统定位和来自传感器及数字地图的信息来分配农药量；产量监控能够监视收获的异常情况，其结合了产量传感器的输出与收割机的地基增强系统定位坐标；生物监测在农业领域能够监视生物的异常，提供有关作物生长的最新信息；土壤监测能够更新土壤的含水量，监测土壤肥力或疾病，以优化对土壤的管理；GNSS 定位和软件的应用能够确定实验室土壤样品的精确位置，土壤中提取的数据在 VRT 应用图中被使用；畜牧跟踪和虚拟围栏可以使用地基增强系统来跟踪动物和提供虚拟围栏。此外，北斗地基增强系统解决方案在农业物流中也有很大的应用前景。农机监控和资产管理使用地基增强系统实时信息来监控设备的位置及机械的状态，并有效地管理工作流程；地理跟踪通过使用动物身上的转发器和车载的 GNSS 跟踪器，以及地块的地理位置和大小来确保食品、动物和产品的有效性；实地界定能够使用地基增强系统精确测定农田的边界和大小；检查员可使用系统定位来现场检查、调查不遵守补贴制度的现象。

北斗地基增强系统可应用于位置服务，北斗地基增强系统应用已经被各种设备所支持，这些设备支持大量特定的应用以满足不同的使用条件和需求，比如，导航：基于北斗系统定位的道路规划和转弯指示支持行人与道路导航，与传感器的结合还能够支持室内导航；测图和地理信息系统（GIS）：使智能手机用户成为一个地图创造者；Geo 市场和广告：将消费者的喜好与定位数据结合起来将个性化服务提交给潜在的客户和为零售商创造市场机会；安全与突发事件：北斗系统与网络结合的方法，可以提供突发事件的精确位置；企业应用：移动工作人员的管理和跟踪方案已经实现，可以提高生产效率；运动：北斗系统能够通过各种健身器材监视用户的身体状况；虚拟与增强的现实：定位与虚拟信息的结合使用户更加有兴趣，并改善其日常生活；社交网络：朋友定位器通过专用 App 或社交网络提供，可以使用北斗系统与朋友保持联系和分享旅行信息。

第九章　加快北斗与其他新型基础设施融合发展

　　新型基础设施是以新发展理念为引领，以技术创新为驱动，以信息网络为基础，面向高质量发展需要，提供数字转型、智能升级、融合创新等方面基础性、公共性服务的基础设施体系。

　　新型基础设施体系主要包括信息基础设施、融合基础设施、创新基础设施。具体而言，信息基础设施主要是指基于新一代信息技术演化生成的基础设施，如以5G、物联网、工业互联网、卫星互联网为代表的通信网络基础设施，以人工智能、云计算、区块链等为代表的新技术基础设施，以数据中心、智能计算中心为代表的算力基础设施等。融合基础设施主要是指深度应用互联网、大数据、人工智能等技术，支撑传统基础设施转型升级，进而形成的融合基础设施，如智能交通基础设施、智慧能源基础设施等。创新基础设施主要是指支撑科学研究、技术开发、产品研制的具有公益属性的基础设施，如重大科技基础设施、科教基础设施、产业技术创新基础设施等。

　　近年来，随着物联网技术、计算机技术、网络通信技术和人工智能技术的飞速发展，终端接入、感知和计算能力不断提升，人类对于北斗高精度服务的需求，正从事后走向实时和瞬间，从静态走向动态和高速，从粗略走向精准和完备。特别是自人工智能开始引领新一轮技术革命以来，由北斗高精度服务提供的时空信息，成为智能化进程的重要推动力。北斗高精服务通过将位置点、位置关系、时间统一和时空分析这些时空元素与物联网、互联网、云计算和大数据等信息技术的有机结合，为大众生活提供着各种不同类型的智能化应用服务。北斗高精度服务提供的精准时间和位置信息，是信息时代最为核心的关键基础数据，是构建信息社会必不可少的信息来源。

随着"北斗+"融合创新和"+北斗"时空应用的不断发展，北斗越来越多地与其他技术实现融合创新，与各行各业的信息化、智能化系统实现应用融合。因此，我们要加快北斗与信息基础设施和创新基础设施的融合发展。

一、加快北斗与信息基础设施融合发展

第五代移动通信技术（5th Generation Mobile Communication Technology，简称"5G"）是一种以高速率、低时延和大连接为特点的新一代宽带移动通信技术。5G通信设施是实现人机物互联的网络基础设施。5G作为一种新型移动通信网络，不仅要解决人与人通信的问题，为用户提供增强现实、虚拟现实、超高清（3D）视频等更加身临其境的极致业务体验，更要解决人与物、物与物通信问题，满足移动医疗、车联网、智能家居、工业控制、环境监测等物联网应用需求。5G将渗透到经济社会的各行业各领域，成为支撑经济社会数字化、网络化、智能化转型的关键新型基础设施。北斗与5G的融合发展是我国数字经济发展的必然，也是我国北斗应用发展的重大机遇。目前我国已建成全球最大的5G网络，因此北斗与5G融合应用发展就成为一种必然，其创新与应用的真正价值在于，通过"天上一张网"，即北斗卫星导航系统，和"地面一张网"，即5G地面蜂窝通信网络和UWB、WiFi、蓝牙等其他导航通信网络，以及惯性导航、视觉定位、地磁测向等多种手段，融合形成"天地一张网"，为各类用户提供实时泛在的亚米级、厘米级、毫米级高精度定位服务，构建高精度、高可靠度、高安全性的新一代信息时空体系，从而实现万物可感知、可测量、可计算、可控制，基于"高精度定位、高精准时间、高清晰图像"的能力，为智慧城市、智慧制造、智慧农业和智慧家庭等发展提供全新的技术模式。

近年来，中国移动、中国联通和中国电信三大移动运营商，利用自身的技术优势、基础设施优势和运营服务优势，纷纷在通导融合技术及其应用方向上布局，建设高精度定位基准站，发展5G+高精度定位系统，打造

智能交通、智慧港口、智能网联汽车、智慧农业、智能铁路等数字化应用场景，并已实现一些项目落地，部分项目已经开展商业化运营，这一切都标志着通信与导航融合技术的应用已进入到了实质性发展阶段。2020年10月，中国移动对外发布了全球最大的"5G+北斗高精定位"系统，依托全国范围内已建成的超过4 000个的高精度定位基准站，重点在智能网联、自动驾驶、车路协同等领域发力，开展高精度位置服务。2021年10月，中国移动还发布了包括智能驾驶、智慧港航、智慧物流、精准农业等在内的"5G+北斗高精度定位"十大应用场景，并发布了场景化解决方案，支撑5G+北斗市场化推广、规模化复制。其中，在上海打造的东海大桥洋山港智能集卡编队，在国际上首次实现5G+自动驾驶重卡商业化落地；在苏州打造的高铁新城5G+智慧路口，实现了国内基于5G无线空口的车路协同多业务验证。中国联通打造"北斗+5G"时空服务通用平台，以及智慧医疗、车路协同等行业平台，使"北斗+5G"能够用于数据采集/数据传输、智能远控、全连接工厂等应用场景。此外，中国联通还推出了"20个行业5G应用解决方案"，涵盖矿山、港口、油气、车联网、教育、医疗、文旅等细分领域。其中，基于"北斗+5G"高精度位姿测量系统助力黄骅港成为全国首个全自动散货港口，实现煤炭无人化装载，作业配员减少60%，满载率提升20%，年增利润7 500余万元。中国电信在能源和铁路行业探索"北斗+5G"卫星的应用场景，2021年1月，全国首个将5G通信、北斗导航同时与配电网智能化进行深度融合的新基建项目落地。2021年12月，"地方铁路5G+北斗应用联合实验室"正式揭牌，借助"5G+北斗"技术，开拓多种应用场景，推动"5G+北斗"技术创新与应用发展。

物联网是通过信息传感设备，按照约定的协议，把任何物品与互联网连接起来进行信息交换和通信，以实现智能化识别、定位、跟踪、监控和管理的过程与技术。物联网技术融合了感知技术和网络技术，建立在高新科技迅猛发展和网络覆盖无所不在的基础之上。据《基于北斗系统的物联网技术与应用》统计，当今信息化社会中80%以上的信息数据都与位置和时间相关。时空信息是物联网领域智能感知的刚性需求，卫星导航作为时空基准的空间基础设施，具有统一、精确、易用及廉价的独特优势，起到了统一时空基准下获取用户或物体时间信息和位置信息服务的重要作用，并以其覆盖范围大、精度高、应用领域广和获取成本低等优势为物联网的发展提供时空信息支持。

北斗系统作为物联网的一个重要组成部分，主要在感知和网络两个层面体现出优势。在感知层方面，北斗的定位和授时功能可完成精准时间信息和位置信息感知；在网络层方面，北斗短报文通信功能可实现感知信息和控制信息的全天候、全天时无缝传递。根据有关研究统计，当前物联网应用主要可划分为 10 大领域，即智慧物流、智能交通、智能安防、智慧能源（智慧电网）、智能医疗、智慧建筑、智能制造（智能工业）、智能家居、智能零售和智慧农业领域，此外智慧城市和智能防灾等新领域的应用也在不断地丰富物联网的应用领域。北斗系统提供的每一项服务都能够密切地参与到多个领域的物联网应用，形成了"物联网+北斗"的应用模式。

西部地区加快北斗与信息基础设施融合发展，即北斗与以 5G、物联网、工业互联网、卫星互联网为代表的通信网络基础设施融合发展，与以人工智能、云计算、区块链等为代表的新技术基础设施融合发展，与以数据中心、智能计算中心为代表的算力基础设施等融合发展。通过与信息基础设施融合发展，有效解决更广域范围内的实时无缝定位难题，突破时空信息传输瓶颈，使室内、地下、物体遮挡等区域不再是北斗定位和时空信息获取的禁区，同时导航定位的空间范围和使用北斗服务的用户范围也将越来越大，越来越广泛。构建新的产业生态、新的时空服务体系、新的商业模式等，实现天基定位系统和地基定位系统的融合，以及室外定位系统和室内定位系统的融合，共同形成导航通信两用的"天地一张网"，为各类用户提供实时泛在的亚米级、厘米级、毫米级高精度定位服务，构建高精度、高可靠、高安全的新一代信息时空体系。

二、加快北斗与融合基础设施融合发展

融合基础设施是对传统的"铁公基"，如道路、管廊、桥梁、水利、能源等升级而形成的数字化基础设施，是包括时空信息、导航服务在内的信息基础设施发展的拓展和延伸，是北斗赋能传统行业的载体。与融合基础设施相配套，就是实现北斗赋能，真正发挥时空信息的巨大价值，为融合基础设施的发展提供新的动力和支撑，从而形成转型升级效益。此外，在构建时空产业生态、完善新时空服务体系、创新商业模式、知识产权评

估和应用、技术融合创新、前沿领域创新应用布局等方面，我们还需要创新基础设施提供坚实保障，通过与创新基础设施的配套，将全面提升北斗应用和时空信息服务原始创新能力和科技资源支撑能力，在国内形成一批科技创新要素集聚、创新链条上下游贯通、有力支撑重大产出的基础平台，从而真正成为我国国家创新体系的重要力量。

我们要加快推动的北斗在智能交通和智慧能源领域的高水平应用融合基础设施主要是指深度应用互联网、大数据、人工智能等技术，支撑传统基础设施转型升级，进而形成的融合基础设施，比如智能交通基础设施、智慧能源基础设施等。北斗与融合基础设施高度相关，在智能交通架构中的终端层、网络层、服务层均发挥着关键基础作用，北斗高精度定位对航空运输、轨道交通、公路交通等领域无人驾驶应用不可或缺。智慧能源系统除了要求更高比例的分布式可再生能源接入、更高比例的数字化电子电力器件使用，还将带来比传统电力系统更精准的调频时间同步要求；此外，电力系统日常运营愈加向少人化、无人化转型，例如无人机风光电场巡检、输电网络巡检等，此类场景对高精度定位的需求也将呈爆发式增长。融合基础设施建设可推动北斗高精度定位、高精度授时服务在更大范围国土空间上和更多数量设备终端中的应用，提升北斗产业化规模。

三、加快北斗与创新基础设施融合发展

创新基础设施主要是指支撑科学研究、技术开发、产品研制的具有公益属性的基础设施，比如，重大科技基础设施、科教基础设施、产业技术创新基础设施等。重大科技基础设施是为探索未知世界、发现自然规律、引领技术变革提供极限研究手段的大型复杂科学技术研究装置或系统。作为国家创新体系的重要组成部分，重大科技基础设施是解决重点产业"卡脖子"问题、支撑关键核心技术攻关、保障经济社会发展和国家安全的物质技术基础，是抢占全球科技制高点、构筑竞争新优势的战略必争之地。创新基础设施是实现科学技术突破、促进科技成果转化、支撑创新创业的重要基础，对提升国家科技水平、创新能力和综合实力具有重大影响。

我们要加快北斗与创新基础设施融合发展，通过与创新基础设施融合发展，形成一批科技创新要素集聚、创新链条上下游贯通、有力支撑重大

产出的基础平台，进一步提高西部地区原始创新和集成创新能力。

人才是北斗产业接续升级发展的基础，目前我国北斗领域专业技术人才、复合型人才和高端人才严重不足，相关专业学科建设基础薄弱，而企业急需的专业技术人才多是通过岗位锻炼，培养周期长、投入成本高，不利于北斗产业的持续性创新与健康长远发展。加快北斗与创新基础设施融合发展，是建设北斗相关的科教基础设施、产业技术创新基础设施，实现基建链、教育链、人才链、创新链、产业链的有机衔接，不断孕育支撑北斗持续性创新突破、迭代升级的新动能。

第十章　西部地区构建北斗导航产业上、中、下游全产业链

北斗导航产业是指基于北斗全球卫星导航系统的产业。北斗全球卫星导航系统是我国自主建设运行的全球卫星导航系统，是为全球用户提供定位、导航和授时服务的国家重要空间基础设施。发展北斗导航产业，做好北斗创新应用和产业融合发展，为经济建设提供自主可控、稳定可靠的时空基准，对保障国家经济社会发展安全、提高社会生产效率、改善人民生活质量、提升国家核心竞争力具有重要的现实意义和长远的战略意义。

北斗卫星导航系统基础设施由空间段、地面段和用户段三大部分组成。广义的卫星导航产业链涵盖空间段、地面段与用户段三个环节，其中，空间段涵盖卫星设计、研制及发射等环节；地面段的核心功能是追踪和控制北斗导航卫星，包括主控站、注入站、监测站以及地基增强系统建设等；用户段包括卫星导航的相关产业链环节和具体应用等。空间段由航天科技集团下属单位主抓，地面段的研制生产以中电科集团等为主导，用户段的产品及系统市场化特征较为明显，参与主体众多，包括军工集团下属公司、地方国企参军公司及较多民参军企业。卫星导航产业链中的空间段及地面段两个环节，是国家核心基础设施，主要由国家投资完成，而导航用户段产业链环节，主要通过市场运作来满足社会需求。

中央企业北斗产业协同发展平台是在国务院国资委的指导和推动下，在国家有关部门和中国卫星导航系统管理办公室的大力支持下，由兵器工业集团、航天科技、中国电科、中国石油、国家电网、中国移动、中国电子、国机集团、中国商飞、中国通号、中国铁建、中交集团 12 家中央企业，本着"自愿合作、平等互利、融合创新、开放共赢"的原则，共同倡

议发起成立的公益性组织。兵器工业集团担任北斗产业协同发展平台的首届理事长单位。中央企业北斗产业协同发展平台将着力提升创新力、增强竞争力、扩大影响力，把握北斗全球组网、全球服务重大机遇，不断培育新技术、新产品、新业态、新模式，建立健全北斗基础设施共建共享共用机制，加快技术、标准、资本协同发展，加强战略研究、行业应用、重大项目合作，大力推动北斗服务"走出去"，吸引更多中央企业、科研院所、研究机构、金融企业等主体加入，加快构建北斗创新生态，共同推动我国北斗产业高质量发展，为建设"中国的北斗、世界的北斗、一流的北斗"，确保国家时空信息安全做出新的、更大的贡献。

空间段产业链相关公司：空间段产业涉及国家安全，国有企业、机构占主导地位。空间段运营中，通过卫星转发租赁业务，主要企业包括中国卫星网络集团、中国卫通、亚太卫星、亚洲卫星等。卫星导航空间段主要由国企、机构投资部署，主要包括卫星制造和卫星发射。卫星制造方面主要由中国航天科技集团、中国航天科工集团、航天五院、航天一院、中国卫通、中国卫星等组成。我国卫星发射场地为酒泉、西昌、太原、海南文昌四大卫星发射中心，均由军方管理。

地面段产业相关运营公司：主要有中国直播卫星有限公司、中国电信集团卫星通信公司、众多 VSAT 运营商、北斗运营服务企业以及多个新兴的商业卫星公司。

用户段，即狭义的卫星导航产业，指卫星导航的应用及下游市场部分，通常我们说的卫星导航产业是指狭义的卫星导航产业。狭义的卫星导航产业又可分为上中下游三个具体环节（见图 10.1）。上游包括芯片、板卡、模块和天线等组件。中游是产业发展的重点，主要覆盖车载终端、系统集成、国防安全终端、GNSS 接收机、GIS 数据采集器、移动终端等领域。下游是应用及运营服务领域，主要面向特殊市场、行业市场和消费市场等，涉及数据采集、监测、监控、指挥调度等各个方面。经过多年发展，北斗产业链供应链安全水平逐步提升，北斗芯片、模块等系列关键技术持续取得突破，宇航级存储器、星载处理器、大功率微波开关、行波管放大器、固态放大器等器部件已实现国产化研制，北斗系统核心器部件100%自主可控，软件、算法等完全自主研制。

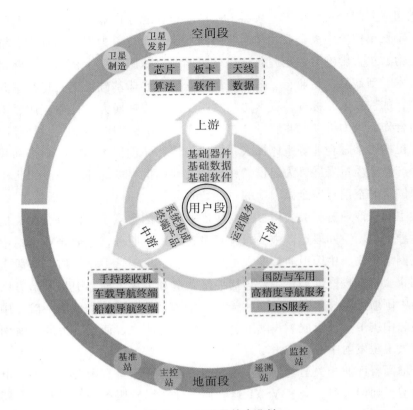

图 10.1 卫星导航产业链

目前，我国卫星导航与位置服务产业结构趋于成熟，国内产业链自主可控、良性发展的内循环生态已基本形成。中国卫星导航定位协会公布的《2022 中国卫星导航与位置服务产业发展白皮书》数据显示，2021 年我国卫星导航与位置服务产业总体产值达到 4 690 亿元人民币，较 2020 年增长 16.29%。2021 年产业链上游产值实现 437 亿元，同比增长 13.80%，在总体产值中占比为 9.32%，其中基础器件、基础软件和基础数据等环节产值分别占比为 3.52%、1.74% 和 4.06%。产业链中游产值实现 2 035 亿元，同比增长 14.97%，在总体产值中占比为 43.39%，其中终端集成环节占比为 27.09%，系统集成环节占比为 16.30%。2021 年产业链下游运营服务产值为 2 218 亿元，同比增长 18.04%，在总体产值中占比为 47.29%。

中国卫星导航定位协会公布的《2023 中国卫星导航与位置服务产业发展白皮书》数据显示，2022 年我国卫星导航与位置服务产业总体产值达到

5 007 亿元人民币，较 2021 年增长 6.76%。2022 年产业链上游产值为 478 亿元，同比增长 9.36%，在总体产值中占比为 9.55%，其中基础器件、基础软件和基础数据等环节产值同比增长 12.47%、6.80%、7.76%，在总产值中的占比分别为 3.71%、1.74% 和 4.10%。产业链中游产值 2 117 亿元，同比增长 4.04%，在总体产值中占比为 42.29%，其中终端集成、系统集成等环节产值同比增长 4.13%、3.88%，在总产值中的占比分别为 26.43%、15.86%。产业链下游产值为 2 412 亿元，同比增长 8.74%，在总体产值中占比为 48.16%。

一、北斗导航产业链上游

我国卫星导航与位置服务产业链上游是基础产品研制、生产及销售环节，是产业自主可控的关键，主要包括基础器件、基础软件、基础数据等，包括芯片、模组、天线、板卡、惯导及毫米波雷达、导航地图等产业链环节，相关产品已输出到 100 余个国家和地区。在北斗产业链中，以芯片为核心的上游核心器件是驱动北斗系统的元功能模块，北斗芯片包含射频芯片、基带芯片及微处理器的芯片组，相关设备通过北斗芯片可以接收由北斗卫星发射的信号，从而完成定位导航的功能。如今，北斗卫星导航定位芯片等基础核心部件的性能指标已追上甚至超越国际厂商，同时价格优势逐渐凸显。在北斗系统建设早期，国产北斗芯片受限于工艺、价格等因素，主要应用在专用领域，如公安、消防、应急救援、航海、精准农业、测绘等领域，所以参与芯片设计的企业以科研院所为主。随着北斗三号系统的建成并提供全球服务，国内外一大批专业企业进入该领域。目前，资源向头部企业聚集效应明显，叠加产能瓶颈的限制，以及上游供应链持续涨价，导致无规模、低毛利的公司很难生存，行业格局进一步加速分化；"云 + 芯"的商业模式在深刻演进、技术融合的趋势越来越明显，将推动行业应用以及新兴市场规模不断扩大；"缺芯"的环境加速了国产化替代进程，市场对国产产品需求增大，高质量客户导入机会增多，同时对产品品质、质量和产能保障提出了更高的要求。未来，北斗芯片将朝着集成化、高精度 + 高动态化、多系统融合方向发展，实现核心技术自主可控，并提升国产北斗芯片的海外市占率。

北斗导航产业链上游包括芯片、天线、板卡、惯导及毫米波雷达、导航地图等产业链环节。芯片产业链环节的上市公司有海格通信（广州润芯）、合众思壮、华力创通、耐威科技、航锦科技等；非上市公司有泰斗微电子、中科微电子、航天华讯、武汉梦芯、西南集成电路、华大北斗、东风联星、复旦微电子、电科24所等。天线产业链环节的上市公司有振芯科技、中海达、海格通信、华力创通等；非上市公司有海积信息、北京遥测技术所、深圳华颖锐兴科技、航天环宇通信、佛山阿普斯通讯、华信天线、陕西海通等。板卡产业链环节的上市公司有海格通信、北斗星通、振芯科技、华力创通、司南导航等。惯导及毫米波雷达产业链环节的上市公司有星网宇达、中海达、华测导航、雷科防务等。导航地图产业链环节的上市公司有四维图新、超图软件、合众思壮；非上市公司有高德地图、凯立德、瑞图万方、图灵、易图通等。

西部地区要以西安国家民用航天产业基地、西部地理信息科技产业园为载体，发挥成都振芯科技、四川长虹、四川九洲等技术优势，引进国内芯片、集成电路、半导体、板卡、天线等研发、制造企业，大力发展芯片、模块、板卡、天线等北斗导航基础产品、基础元器件，持续加强基础器件研发制造、基础软件开发以及基础数据采集处理、全空间位置服务等能力，做大做强上游产业链。

二、北斗导航产业链中游

我国卫星导航与位置服务产业链中游是当前产业发展的重点环节，主要包括各类终端集成产品和系统集成产品研制、生产及销售等。

产业链中游主要覆盖车载终端、系统集成、国防安全终端、接收机、数据采集器、移动终端等产业。终端产品分为专业终端产品和消费终端产品。专业终端产品包括高精度测绘终端、授时终端等产品，北斗导航系统的应用最早也是体现在此类终端产品上；消费终端产品主要包括各类导航终端，这也是民营企业较为容易进入的终端市场，其规模相对于专业终端要大得多，北斗导航系统在消费终端的应用广度和深度主要取决于产品价格的下降和技术的进步。手持型、车载型、船载型、指挥型等各类型应用终端已经广泛使用在各个行业，品类已初具规模。根据不同应用场景，室外定位终端的应用可分为交通运输（物流车队管理和物流货物追踪、管理等）、个人穿戴（老人智慧看护、学生智慧校园管理等）、汽车风控（汽车租赁风险管控、共享出行车辆管理等）、农业（农机管理、畜牧管理等）、共享两轮车（共享单车资源调度、管理、车辆防丢等）及其他类型。

2016 年中国卫星导航设备的市场规模已经增长到 7 600 万台。同期，由于配备车载系统的新车辆的增加以及越来越多的智能手机作为导航来源，车载卫星导航系统出货量从 2008 年的 1 200 万台猛增至 2016 年的 3 300 万台。2016 年车载应用是大众应用市场最为稳定的增长点，汽车后装市场终端销量约 800 万台，前装市场终端销量突破 550 万台。到 2020 年，国内前装车载导航每年的出货量大概在 500 万~600 万台的水平，在此基础上，随着车联网、智能驾驶等技术推进，未来车载导航装配量还将继续大幅增长。

北斗导航产业链中游包括各类终端集成产品和系统集成产品研制、生产及销售等。相关的上市公司有振芯科技、合众思壮、海格通信、华力创通、北斗星通、中国卫星、华测导航、中海达、雷科防务等；非上市公司有南方测绘、电科 54 所等。

北斗导航产业链中游是当前产业发展的重点环节，西部地区要引进和培育终端产品制造、终端测试检验中心等相关企业，加强测绘、车船监管、工业智能、精准农业、农业机械、能源交通、自然资源利用和环境保护等各类终端产品和系统集成产品研制、生产及销售等，加快中游产业链发展。

三、北斗导航产业链下游

我国卫星导航与位置服务产业链下游是基于各种技术和产品的应用及运营服务环节，是通过对卫星信号的处理、转化，提供卫星定位系统平台作为北斗地面段和空间段的接口，有针对性地集成各种软硬件平台，服务于终端用户并收取服务费形成收入的环节，如实时路况信息、定位、导航及通信等。成熟国家运营服务可以占到其导航产业产值的 70% 以上，而在我国北斗产业中，2015 年运营服务产值占比仅为 25%，直到 2021 年占比达到了 47.29%，可见该产业链环节的发展空间巨大，成长速度迅猛。

市场应用初期，北斗系统遵循先军用、再行业、后民用的应用发展顺序。军用和行业应用因有政府支持，得到较快发展。其中军用领域呈现持续稳定增长态势，例如在军事、公安武警、应急救援等方面的应用；行业应用领域正处于规模化发展阶段，广泛见于石油勘探、水利电力、气象电信等方面；民用应用市场对价格敏感度较高，随着北斗芯片成本进一步降低，未来民用应用将会出现大幅增长。

与高精度相关的民用大众市场将是北斗未来发展的核心，例如基于位置的服务市场（Location-Based-Service，简称"LBS 市场"）、智慧社区等。LBS 市场的核心增长点将在室内 LBS 市场，例如商场内部精准导航与营销、停车场车位预测与反向寻车等；智慧社区领域包括监控摄像机对人、车的高精度分析，车辆分流、停车入库位置智能分配，以及人员定位等方面。

北斗导航产业链下游是指北斗导航运营、数据服务环节。相关上市公司有中国卫通、北斗星通、振芯科技、中国卫星、海格通信、中海达、合众思壮、华测导航、航天宏图等；非上市公司有神舟天鸿、国智恒、中兴恒和、上海普适、讯腾智科等。

随着北斗产业链的全面升级，产业链的结构显得更加成熟，在当前北斗空间段已经完成建设，卫星应用开始向民用领域快速拓展，国家"十四五"规划大力推动了北斗产业发展，推广了北斗规模化应用，以及在市场化、产业化、国际化发展的背景下，北斗应用产业将在"十四五"期间呈现井喷式发展态势。西部地区应抓住历史性机遇，大力推动北斗产业发展，推广北斗规模化应用，推动国民经济各行各业"+北斗"，实现西部地区经济社会高质量发展。

四、大力培育北斗导航产业企业群体

为企业营造良好发展环境，打造一批国际、国内领军企业、链主企业、硬核科技企业、"专精特新"企业，建成拥有自主知识产权、市场占有率高、具有国际竞争力的卓越制造企业群体，我国应当：

①大力培育领军企业。对标国内外顶尖企业，在芯片研发、系统集成、北斗软件开发、终端制造、应用推广等领域，培育一批具有行业代表性和示范性的领军企业。构建根植本地、面向全球布局的创新、生产和服务网络，提升全球资源配置能力，集中优势资源和政策，连续精准支持一批拥有核心技术、用户流量、创新模式的领军企业。支持有市场竞争力的领军企业开展相关应用示范，带动产业链上中下游协同发展。

②做优链主企业。支持链主企业提升产业供应链核心环节竞争力和控制力，完善供应链关键配套体系，提高供应链的协同性、安全性、稳定性等，积极参与全球供应链网络，建立重要资源和产品全球供应链风险预警系统。发挥北斗芯片核心企业集聚效应，营造发挥人才作用的各类软硬环境，吸引国内外高科技人才进入西部北斗芯片领域。

③做大硬核科技企业。鼓励制造类企业围绕产业链重点环节和产业基础领域，依托硬核科技企业建设基地和技术创新中心，加快突破关键领域瓶颈制约。激发企业创新活力，加快培育一批掌握核心技术、拥有自主知识产权、具有国际竞争力的硬核科技企业。

④做精"专精特新"企业。积极建设北斗专业化众创服务平台，形成包括政策支持、技术咨询、技术评估、标准制定、项目孵化等在内的完整服务体系。支持中小企业深耕细分领域的研发制造、工艺改进和市场拓展，加快培育一批竞争优势突出、品牌影响力大、发展潜力强的隐形冠军，力争培育大批高端制造单项冠军企业、"专精特新"企业、"瞪羚企业"和"小巨人"企业。

五、用户段产业链有代表性公司

用户段产业链中有代表性的公司如表 10.1 所示。

表 10.1　用户段产业链有代表性公司

产业链结构	产业链环节	参与公司
上游	芯片	上市公司：海格通信、广州润芯、合众思壮、华力创通、耐威科技、航锦科技
		非上市公司：泰斗微电子、中科微电子、航天华讯、武汉梦芯、西南集成电路、华大北斗、东风联星、复旦微电子、电科 24 所
	天线	上市公司：振芯科技、中海达、海格通信、华力创通
		非上市公司：海积信息、北京遥测技术所、深圳华颖锐兴科技、航天环宇通信、佛山阿普斯通讯、华信天线、陕西海通
	板卡	上市公司：海格通信、北斗星通、振芯科技、华力创通、司南导航
	惯导及毫米波雷达	上市公司：星网宇达、中海达、华测导航、雷科防务
	导航地图	上市公司：四维图新、超图软件、合众思壮
		非上市公司：高德地图、凯立德、瑞图万方、图灵、易图通
中游	终端	上市公司：振芯科技、合众思壮、海格通信、华力创通、北斗星通、中国卫星、华测导航、中海达、雷科防务
		非上市公司：南方测绘、电科 54 所
下游	北斗导航运营/数据服务	上市公司：中国卫通、北斗星通、振芯科技、中国卫星、海格通信、中海达、合众思壮、华测导航、航天宏图
		非上市公司：神舟天鸿、国智恒、中兴恒和、上海普适、讯腾智科

（一）北京北斗星通导航技术股份有限公司

北京北斗星通导航技术股份有限公司（简称"北斗星通"）成立于 2000 年 9 月 25 日，是我国卫星导航产业首家上市公司。北斗星通因"北斗"而生，在我国首颗北斗卫星发射前夕注册成立。二十余年来，北斗星通伴"北斗"而长，推动并见证了我国卫星导航及相关产业发展。今天的北斗星通，已形成卫星导航核心部件全产品系列、全应用领域的布局，围绕"位置数字底座"和微波陶瓷器件两大主营方向，为全球用户提供卓越的产品、解决方案及服务。

北斗星通旗下子公司和芯星通科技（北京）有限公司，是一家专业从事高性能卫星定位与多源融合核心算法、高集成度芯片研发的高新技术企业。凭借人才、管理、技术和本土化服务优势，基于自主创新的核心芯片，和芯星通提供包括一站式 GNSS 基础产品在内的时空传感核心产品和服务，定位精度涵盖毫米级、厘米级、亚米级到米级，全方位满足地基增强、测量测绘、智能驾驶、驾考驾培、无人机、机械控制、车载导航、行业授时、物联网、可穿戴及手机等市场领域对高性能、低成本、低功耗、高品质产品的需求。

和芯星通多模导航型基带芯片、多模多频高精度模块、高精度 OEM 板卡、射频基带一体化芯片、北斗三双频多系统高精度 SoC 均在北斗重大专项比测中蝉联冠军。公司产品多次荣获省部级奖项"卫星导航定位科技进步奖"最高奖；芯片技术获得 2015 年度国家科学技术进步二等奖，2022 年北京市科技进步一等奖，相关应用成果获得 2018 年度国家科学技术进步一等奖。此外公司还获得 EE Times-China 最佳无线 IC 产品奖、"中国芯"最具潜力产品奖等多个奖项。

面向未来，北斗星通正以"云 +芯"为基础，加快构建全球覆盖、国际一流的"智能位置数字底座（iLDB）"，为从行业到大众、从生产到生活的各类应用场景提供无处不在、无时不有的高可靠、高精度位置基础产品和服务，为用户创造价值，为智能时代赋能。

（二）广州海格通信集团股份有限公司

广州海格通信集团股份有限公司（简称"海格通信"）创立于 2000 年 8 月 1 日，源自 1960 年国家第四机械工业部（原国家电子工业部）国营第七五〇厂，是国家创新型企业、全国电子信息百强企业之一的广州数字科技集团（前身为广州无线电集团）的主要成员企业。2010 年 8 月 31 日，海格通信实现 A 股上市。海格通信是全频段覆盖的无线通信与全产业链布局的北斗导航装备研制专家、电子信息系统解决方案提供商。是国内最早从事无线电导航研发与制造的单位，始终与国家卫星导航产业同频共振；

芯片率先布局，竞争领先优势：2008 年开始战略布局芯片领域，具备北斗三号芯片先发优势，助力北斗三号终端有效布局。

海格通信集团子公司广州润芯信息技术有限公司，专业从事射频集成电路（RFIC）设计开发，产品广泛应用于卫星导航、卫星通信等领域。经过多年的快速发展，润芯信息已发展成华南地区规模最大、技术实力最强的专业射频集成电路设计公司。润芯信息立足自主研发，掌握了卫星通信和卫星导航射频芯片的核心技术，先后成功推出面向北斗、天通、室内定位等领域的数十款射频芯片，并成功应用于国内知名企业的产品中。在中国卫星导航系统管理办公室（北斗办）组织的北斗二号、北斗三号的一系列射频芯片比测中，屡获第一，展现了强大的技术实力；天通、北斗射频相关射频芯片的市场占有率连年居于行业首位。

海格通信是国家火炬计划重点高新技术企业、国家规划布局内重点软件企业，自 2003 年起连续入选中国软件业务收入前百家企业，拥有国家级企业技术中心、博士后科研工作站、广东省院士专家企业工作站，是全频段覆盖的无线通信与全产业链布局的北斗导航装备研制专家、新一代数智生态建设者。海格通信公司是行业内用户覆盖最广、频段覆盖最宽、产品系列最全、最具竞争力的重点电子信息企业之一，主要业务覆盖无线通信、北斗导航、航空航天、数智生态四大领域。

通过"产业+资本"双轮驱动，海格通信实现了新的跨越式发展，形成了广州、北京、西安、南京、成都、长沙、武汉、杭州等地域的布局。海格通信的全资子公司海格怡创是业界具有领先优势的通信信息技术服务商，控股子公司摩诘创新于 2016 年 2 月实现新三板挂牌。2017 年，海格通信收购高新技术飞机零部件制造企业驰达飞机，拓展航空航天板块业务。海格通信高度重视自主创新，坚持每年高比例投入技术研发，集结了一支高素质、稳定的骨干人才队伍，其中博士、硕士、本科人员占员工总数的 70%，其中包括国务院津贴专家、全国"五一劳动奖章"获得者、大国工匠全国十大年度人物奖获得者、南粤创新人才奖获得者、广东省劳动模范、广州市劳动模范、广东省"五一劳动奖章"获得者、经理人及各类专业技术人员。

展望未来，围绕"以全球的视野，将海格通信建设成为无线通信、导航领域的最优秀现代企业"的战略目标，海格通信将坚持"高端高科技制造业、高端现代服务业"的战略定位，厚重传承，持续创新，推进海格更高质量发展，走"科技+文化"发展之路，朝着"我们的征途是银河天路"的伟大梦想迈进！

（三）成都振芯科技股份有限公司

成都振芯科技股份有限公司（简称"振芯科技"）是成立于 2003 年 6 月的国家级高新技术企业，注册资本 55 600 万元，于 2010 年 8 月在深圳创业板成功上市。公司是入驻国家集成电路设计成都产业化基地的首批企业之一，是四川省第三批建设创新型培育企业、四川省集成电路设计产业技术创新联盟成员单位，也是航空、船舶等国有大型科技工业企业的电子元器件配套定点单位，通过了 GB/T 19001-2008 idt ISO 9001：2008 质量体系认证。公司多年来致力于围绕北斗卫星导航应用的"元器件—终端—系统"产业链提供产品和服务，拥有北斗分理级和终端级的民用运营服务资质，被列为国家重点支持的北斗系列终端产业化基地。公司主要产品包括北斗卫星导航应用关键元器件、高性能集成电路、北斗卫星导航终端及北斗卫星导航定位应用系统。经过多年的拼搏，振芯科技已发展成为国内综合实力最强、产品系列最全、技术水平领先的北斗关键元器件研发和生产企业之一，自主研制生产的 7 大类 40 余种北斗卫星导航应用终端已广泛应用于国防、地质、电力、交通运输、公共安全、通信、水利、林业等专业应用领域。振芯科技在视频图像领域拥有雄厚的技术实力，以"视频监控—智能安防"为发展战略，致力于为国内安防监控行业的用户、集成商和渠道商提供全面专业的系统产品、整体解决方案及本地化服务。振芯科技以"高清智能、行业应用、联网扩容"为核心的网络智能安防监控总体解决方案及各种产品已广泛应用于公共安全、金融、交通、能源、城市管理、行政监管、厂矿企业、医院学校、楼宇园区、电信通信等多个领域。

振芯科技的 GM4622 是一款高度集成的 BD2-B1、B2、B3、GPS L1 以及 GLONASS L1 双通道多模全频点射频接收芯片，支持双通道同时或独立工作。这两个通道完全相同，通过调节输入匹配和 SPI 配置，单通道就可以实现任意导航频点的射频接收。该芯片集成了低噪放、镜频抑制混频器、可调谐滤波器、可变增益放大器、锁相环以及低压差线性稳压器等模块，采用单端射频输入，模拟和数字中频输出，仅需很少的外围元器件即可工作，具有集成度高、体积小等特点。此外，芯片的高低本振可选，62MHz 时钟可内部输出，也可由外部提供输入。

（四）北京合众思壮科技股份有限公司

北京合众思壮科技股份有限公司（简称"合众思壮"）成立于 1994 年，是中国较早进入卫星导航领域的公司之一。基于时空信息行业领先的技术能力、专业产品和全球化业务，合众思壮实现了从核心技术、板卡部件、终端设备、解决方案到服务平台的产业布局，业务覆盖高精度、时空物联、智能制造等主要方向。天琴二代 Lyra II 是其自主设计研发的新一代基带芯片，用于多星座 GNSS 基带信号的处理。该芯片采用 55nm 设计工艺，支持 1 100 个全兼容通道，可处理全星座全频点卫星信号。天琴二代芯片全面支持北斗三号全信号，支持 L-Band 信号接收，可支持"中国精度"星基增强。此外，该芯片内置抗干扰技术，可实现带内外干扰信号的检测和抑制，能满足各种高精度应用的需求。该芯片适用于测量测绘、形变监测、精准农业、航空航海、数字化施工、自动驾驶、无人机、移动GIS、智能交通等各种高精度应用领域。合众思壮的"天鹰"芯片是首款四通道 GNSS 宽带射频芯片，"天鹰"芯片由三个 GNSS 射频通道和一个 L 波段射频通道构成，可以同时配置工作，也可以独立配置运行，芯片可用于单频、多频及 L 波段星基增强定位，满足单天线、双天线等，集成于高精度定位或测向板卡中，可应用于测量测绘、形变监测、精准农业、航空航海、数字化施工、自动驾驶、无人机、移动 GIS、智能交通等各种高精度应用领域。

公司创立至今，合众思壮见证、推动、引领着中国卫星导航产业的发展，开创了多行业北斗智能应用的先例。凭借自主创新的动力与持续创新的能力，合众思壮积极开拓国内、国外市场，加速推进"北斗+""+北斗"产业发展，将北斗应用到更加广阔的天地中。从构建全球产业生态，到改变各行各业形态，再到推动创新科技发展，合众思壮秉承"创新进取、开放包容、联合共赢、诚信求实"的核心价值观，致力于成为时空信息领域全球领先的高精度专业产品与服务提供商，用科技让世界变得更加美好！

（五）上海华测导航技术股份有限公司

上海华测导航技术股份有限公司（简称"华测导航"）专注于高精度导航定位技术的研发、制造及产业化推广，是中国高精度时空信息产业的企业引领者。

华测导航秉承"用精准时空信息构建智能世界"的愿景，围绕"一个核心、两个平台、三大应用"实施布局，专注高精度导航定位核心技术，持续打造高精度定位芯片技术平台和全球星地一体增强网络服务平台，应用方向包括导航定位授时、地理空间信息、封闭和半封闭场景的自动驾驶。

华测导航的产品及解决方案已广泛应用于建筑与基建、地理空间信息、资源与公共事业、机器人与无人驾驶等板块，深入自然资源、建筑施工、交通、水利、电力、农业、教育、环保等行业，并进入智慧城市、自动驾驶、人工智能等新兴领域。未来，华测导航将不断加大研发投入，持续提升竞争优势，践行以客户为中心的价值观，向社会提供更多优质产品和解决方案。

华测导航研制的"璇玑"芯片支持全星座全频点 GNSS 卫星［北斗（含北斗三代）、GPS、GLONASS、Galileo、QZSS］信号，支持 SBAS 星基增强系统，支持 L-band、RTK、PPP-RTK 和 RTD，支持单芯片高精度定位定向，支持 PPS、eventmark，并可实现 100Hz 原始观测量输出。搭载璇玑的板卡可实现精度为 1cm（水平 RMS）的 RTK 定位，及 0.12°/m 基线（动态定向）精度的定向。"璇玑"芯片量产后，可应用于测绘测量、导航应用、自动驾驶、无人机航测、农机自动导航等领域。

（六）上海司南卫星导航技术股份有限公司

上海司南卫星导航技术股份有限公司（简称"司南导航"）成立于2012 年，是完全自主掌握高精度北斗/GNSS 模块核心技术并成功实现规模化市场应用的国家级专精特新"小巨人"企业。

司南导航在高精度算法、专用芯片和核心板卡/模块等方面持续投入实现了国产替代，并达到国际先进水平，在国内处于行业领先地位。司南导航主要产品为基于北斗及其他所有全球卫星导航系统，实时定位精度为厘米级、后处理精度为毫米级的高精度定位北斗/GNSS 芯片、核心板卡/模块、接收机等数据采集设备终端，以及高精度北斗/GNSS 应用系统解决方案，广泛应用和服务于测绘与地理信息、智能交通、形变与安全监测、无人机、辅助驾驶与自动驾驶、野外机器人、精准农业、物联网等专业领域和大众应用等领域。公司产品和服务不但打破了进口产品的垄断地位，还远销海外 120 多个国家和地区。

（七）广州中海达卫星导航技术股份有限公司

广州中海达卫星导航技术股份有限公司（简称"中海达"）成立于1999 年，2011 年 2 月 15 日在深圳创业板上市，是"北斗+"精准定位装备制造类第一家上市公司。中海达旗下拥有 16 家一级控股子公司，26 家分公司，2 000 多名员工，产品销售网络覆盖全球逾 100 个国家/地区，在全球拥有 700 多家合作伙伴，形成了覆盖全球的销售及服务网络。

中海达专注于高精度定位技术产业链相关软硬件产品和服务的研发、制造和销售，深化北斗精准位置行业应用，着力提供时空信息解决方案，为国内高精度卫星导航产业的领先企业之一。中海达以卫星导航定位技术为基础，融合声呐、光电、惯导、激光雷达、UWB 超宽带、星基增强等多种技术，已形成"海陆空天、室内外"全方位、全空间的高精度定位产业布局。截至 2023 年年底，中海达在空间信息领域拥有知识产权 1 536 项，相继被评为国家知识产权优势企业、国家级专精特新"小巨人"企业、广东省专精特新中小企业、两高四新（专精特新）企业等多项荣誉认定，建有广东省中海达卫星定位与空间智能感知院士工作站、广东省卫星导航（中海达）工程技术研究中心和省重点实验室和博士后工作站。

（八）北京四维图新科技股份有限公司

北京四维图新科技股份有限公司（简称"四维图新"）成立于 2002年，以提供极致性价比的软硬一体组合产品解决方案，助推智能出行行业快速发展。

四维图新拥有业内优秀的技术团队、强大的研发实力及多项领先资质，推出了高精度地图、高精度定位、车道级导航等优势产品。此外，公司凭借多年数据采集、处理与更新经验，为各类智能出行设备及应用场景提供高可靠、多维度数据服务，结合大数据与 AI 能力，打造数据合规闭环解决方案，帮助客户实现对数据的全生命周期管理、最大化利用。

近年来，四维图新在智能驾驶技术方面取得了显著突破，已为全球多个汽车品牌提供安全、可靠的智能驾驶量产的解决方案，并在智能座舱、汽车电子芯片等领域获得多家车企长期定点。同时，基于数据优势和技术能力，四维图新也在积极为生态合作伙伴、政府机构提供全面的联网解决方案，助力智能交通、车城一体化目标加速实现。

四维图新秉承"让出行更美好"的使命，致力于以汽车智能化极致性价比解决方案，助力客户掌握灵魂、实现"全栈可控"。

（九）北京超图软件集团

北京超图软件集团（简称"超图软件"）成立于 1997 年，由母公司超图软件及旗下的超图信息、上海南康、南京国图、北京安图、上海数慧、超图国际、超图骏科、地图慧、日本超图等子公司组成，集团正式员工4 000 余人。

超图软件集团是聚焦地理信息软件（Geographic Information Software，广义 GIS）和空间智能（Geospatial Intelligence，GI）领域的基础软件与应用软件厂商，是信创、时空大数据、人工智能、虚拟现实等领域的重要参与者，是华为的核心组件供应商。旗下 SuperMap 软件是亚洲最大、全球第二大 GIS 软件，是数字中国、数字政府、企业数字化、数字孪生、元宇宙、智慧城市的重要技术底座。超图软件通过三千多家独立软件开发商（ISV）伙伴、数十万开发者，为近百个行业的政府和企事业单位信息化全面赋能。目前，超图软件在国内 115 个地级及以上城市、海外 20 多个国家有常驻员工，50 多个国家有代理商，100 多个国家有用户。

以"创新空间智能，升维 IT 价值"为企业使命，以"用空间智能点亮世界每个角落"为企业愿景，超图软件将为全球更多用户打造领先的GI&GIS 技术和产品。

超图软件集团设立平台软件、数字政府、企业数字化及专用四大业务板块，为政府、企业、国防等用户提供空间智能产品、解决方案与服务。

平台软件业务板块下设有平台软件产品线、在线产品线及专用软件产品线。通过持续创新以及独具特色的精益敏捷研发管理体系，在大数据、人工智能、新一代三维、分布式、跨平台等地理信息核心技术领域取得了显著优势，并构建了云边端一体化的 GIS 基础软件产品体系。平台软件业务板块由超图研究院、中国大区部、国际大区部共同组成。聚焦 SuperMap GIS 基础软件，超图研究院专注于产品研发，中国大区部专注于中国区域的营销与服务，国际大区部专注于海外市场的开拓与服务。

数字政府业务板块由超图信息、上海南康、南京国图、北京安图、上海数慧等超图软件集团旗下企业共同组成，提供了自然资源业务、智慧城市业务、水气环业务等解决方案。

企业数字化业务板块由地图慧、民航 SIU、智慧园区工程中心和遍布各地的行业拓展与赋能团队提供相应业务，聚焦园区、民航、能源和地图服务业务赛道，赋能各级各类园区管委会、企业客户、集成商、运营商、合作伙伴等，业务涵盖顶层规划设计、技术咨询服务、项目开发交付及售后运维支撑，致力于打造国内领先的全链条一体化综合解决方案提供商。

专用业务板块由超图骏科提供国防安全解决方案，包括孪生战场环境保障、模拟仿真训练导调、地理空间智能情报、军民融合服务保障等。为军委机关及部队、各军兵种、战区、武警部队、军事科研院所、军工集团等国防单位提升空间智能。

第十一章 加快北斗与各行各业融合发展

加快北斗与各行各业的融合发展，就是推进北斗在工业智能制造、智慧农业、智慧城市、智慧交通运输等领域应用；推进北斗在自然资源环境保护领域应用；推进北斗在公安巡逻、应急管理、防灾减灾、森林防火等公共安全领域应用；推进北斗在公共卫生、教育领域、智慧康养、扶残助残、大众消费等社会民生领域应用。北斗三大应用场景如图 11.1 所示。

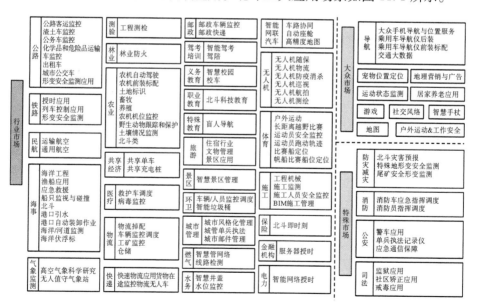

图 11.1 北斗三大应用场景

一、推进北斗在经济发展领域的应用

（一）推动北斗系统在工业制造领域的应用

我们要积极拓展北斗在工业互联网、物联网、车联网等新兴领域的应用，助力工业企业"智改数转"，培育"北斗＋"新模式、新业态，促进形成新质生产力。北斗为工业互联网建设提供时空基准和技术手段，当前新基建七大领域、数字经济五大产业链均离不开北斗提供的时空信息。

"产业＋北斗"可以延伸到工业互联网已经涉及的40个经济大类，比如原材料、装备、消费品、电子、制造业、采矿、电力、建筑等重点产业，从而实现更深度发展，实现千姿百态的融合应用场景。在高端装备制造业领域内，如新一代信息技术产业、高档数控机床和机器人、航空航天装备、海洋工程装备及高技术船舶、先进轨道交通装备、节能与新能源汽车、电力装备、农机装备、新材料、生物医药及高性能医疗器械等领域，正大力推广北斗系统的应用。北斗可以赋能工业智能生产全过程。

①北斗赋能企业柔性生产制造。采用北斗系统、工业互联网、大数据、5G、人工智能等新型基础设施，通过数控机床和其他自动化工艺设备、物料自动储运设备，部署柔性生产制造应用，以满足工厂在柔性生产制造过程中对实时控制、数据集成与互操作、安全与隐私保护等方面的关键需求，并支持生产线根据生产要求进行快速重构，实现同一条生产线根据市场对不同产品的需求进行快速配置优化。同时，柔性生产相关应用可与企业资源计划（ERP）、制造执行系统（MES）、仓储物流管理系统（WMS）等系统相结合，将用户需求、产品信息、设备信息、生产计划等信息进行实时分析、处理，动态制定最优生产方案。

②北斗赋能机器视觉质检。在生产现场部署北斗终端、工业相机或激光器扫描仪等质检终端，实时拍摄产品质量的高清图像，通过5G和工业互联网传输至部署在MEC上的专家系统，专家系统基于人工智能算法模型进行实时分析，对比系统中的规则或模型要求，判断物料或产品是否合格，实现缺陷实时检测与自动报警，并有效记录瑕疵信息，为质量溯源提供数据基础。同时，专家系统可进一步将数据聚合，上传到企业质量检测系统，根据周期数据流完成模型迭代，通过网络实现模型的多生产线

共享。

③北斗赋能设备故障诊断。在现场设备上加装北斗终端、功率传感器、振动传感器和高清摄像头等设备，实时采集设备数据，传输到设备故障诊断系统。设备故障诊断系统负责对采集到的设备状态数据、运行数据和现场视频数据进行全周期监测，建立设备故障知识图谱，对发生故障的设备进行诊断和定位，通过数据挖掘技术，对设备运行趋势进行动态智能分析预测，并通过网络实现报警信息、诊断信息、预测信息、统计数据等信息的智能推送。

④北斗赋能厂区智能物流。厂区智能物流场景主要包括线边物流和智能仓储。线边物流是指从生产线的上游工位到下游工位、从工位到缓冲仓、从集中仓库到线边仓实现物料定时定点定量配送。智能仓储是指通过北斗系统、工业互联网、大数据、5G、人工智能等技术共同实现智慧物流，降低仓储成本、提升运营效率、提升仓储管理能力。通过北斗、物联网、云计算，实现厂区内自动导航车辆（AGV）、自动移动机器人（AMR）、叉车、机械臂和无人仓视觉系统部署智能物流调度系统，结合北斗地基增强系统高精定位技术，可以实现物流终端控制、商品入库存储、搬运、分拣等作业全流程自动化、智能化。

⑤北斗赋能无人智能巡检。通过北斗系统、工业互联网、大数据、5G、人工智能等新型基础设施，实现巡检机器人或无人机等移动化、智能化安防设备，替代巡检人员进行巡逻值守，采集现场视频、语音、图片等各项数据，自动完成检测、巡航以及记录数据、远程告警确认等工作；相关数据实时回传至智能巡检系统，智能巡检系统利用图像识别、深度学习等智能技术和算法处理，综合判断得出巡检结果，有效提升安全等级、巡检效率及安防效果。

⑥北斗赋能生产现场监测。在工业园区、厂区、车间等现场，通过北斗系统、工业互联网、大数据、5G、人工智能等新型基础设施融合发展，借助各类传感器、摄像头和数据监测终端设备，自动采集环境、人员动作、设备运行等监测数据，回传至生产现场监测系统，对生产活动进行高精度识别、自定义报警和区域监控，实时提醒异常状态，实现对生产现场的全方位智能化监测和管理，为安全生产管理提供保障。

⑦西部地区要大力推广北斗系统在工业智能制造领域中的应用。利用

北斗高精度定位以及授时技术，通过工业互联网平台，将设备、生产线、工厂、供应商、产品和客户紧密连接融合，形成跨设备、跨系统、跨厂区、跨地区的互联互通。积极推进北斗高精度软件、硬件以及服务产品进入汽车制造、发电设备、机器制造等装备制造业领域应用。推动西部地区传统制造业转型升级，推动制造业智能化发展。

（二）推动北斗系统在农业林业领域的应用

北斗在精准农业领域主要有四类规模化应用场景：一是农机自动驾驶应用，提高农机作业精度。北斗凭借其动态的厘米级定位能力，赋能智能农机精准收割、播种，其中植保无人机可以精确把控农药喷洒区域，合理规划喷洒路线，极大地提升了农业作业效率，实现农作物耕、种、管、收全流程的高效管理。二是借助农机远程运维应用，提高农机产品质量。三是借助农机大数据应用，掌握农机作业效率，优化农机发展政策。其主要包括农田信息采集、土壤养分及分布调查、农作物施肥、农作物病虫害防治、特种作物种植区监控等领域应用。四是北斗卫星导航技术与遥感、地理信息等技术融合应用。农机无人驾驶、农田起垄播种、植保无人机是北斗系统在精细农业领域的应用重点。

林业管理部门利用北斗应用进行林业资源清查、林地管理与巡查等，大大降低了管理成本，提升了工作效率。其主要包括林区面积测算、木材量估算、巡林员巡林、森林防火、测定地区界线等应用。其中巡林员巡林、森林防火等使用了北斗特有的短报文功能。特别是在国家森林资源普查中，北斗卫星导航技术结合遥感等技术，发挥了重要作用。

"十四五"期间，国家制定了一系列政策，大力推动北斗系统在农业领域中的应用。《"十四五"全国农业机械化发展规划》提出，农作物耕种收综合机械化率将达到75%，要求大力推进农用北斗终端产品在农机上的应用，覆盖农机不少于50万台，要求综合运用北斗、5G、物联网、大数据等技术，推进农机物联网管理平台建设，提升农业机械化生产状况动态监测、农机作业指挥远程调度和应急处理水平。《2021—2023年农机购置补贴政策实施指导意见》提出，国家进一步支持智能化适农设备纳入农机购置补贴，各省可围绕智能农机产品的推广应用，将部分品目产品补贴额测算比例提高至35%。《2022年重点强农惠农政策》《关于开展2022年农业现代化示范区创建工作的通知》《关于做好 2022 年农业生产发展等项目实施工作的通知》《农业现代化示范区数字化建设指南》等政策强调，加快推进北斗系统、北斗智能终端在农业生产领域中的应用，充分利用北斗作业监测手段保证作业质量，提高监管工作效率，鼓励扩大作业监测范围。

中国卫星导航定位协会公布的《2023 中国卫星导航与位置服务产业发展白皮书》数据显示，到 2022 年年底，在农业领域已累计推广应用各类北斗终端接近 160 万台（套），全年作业面积达 6 000 万亩（1 亩 ≈ 666.7 平方米）。其中，应用农机自动驾驶系统超过 17 万台（套），应用远程维护及定位终端超过 133 万台（套），应用渔船用船载终端设备超过 9 万台（套）。全国约有 25.8 万台农机接入国家精准农业综合数据服务平台，实现了跨企业农机作业数据整合，以及水稻、小麦、玉米等主粮作物收获和拖拉机作业 24 小时动态监测。2022 年年底，河北、吉林、黑龙江、新疆等地区在农业领域累计推广应用北斗终端约 30 万台（套）。其中，在新疆使用北斗自动驾驶拖拉机播种棉花，每天可作业 600 亩以上，提升土地使用效率 10%，全疆棉花机采率已达 80%。湖北省初步建成覆盖省市县三级的北斗农机信息化智能管理系统，在拖拉机、联合收割机、水稻插秧机、植保无人机和谷物烘干机等各类农机装备安装北斗终端达 25 000 多台（套），农机作业监测已覆盖深松、深耕、插秧、播种、植保、收获、秸秆处理和烘干等多个环节，累计监测农田作业面积约 2 640 万亩，每年可节省成本 2 000 多万元。国内农业无人机保有量达到 16 万台，作业面积超过 14 亿亩次。其中，黑龙江播撒总作业面积超过 1 亿亩次，近 50% 左右的水稻化肥由农业无人机进行播撒，无人机一天可对 300 亩地完成农药精准喷洒，农药利用率可达 40%，节省 30% 左右成本，增收明显，是实现农药减量使用的有效抓手。基于北斗技术的无人农场也在 2022 年快速发展。据不完全统计，全国已有 13 个省份启动了 26 个无人农场的建设，节本增效显著，亩产平均提高 30%，劳动成本降低 60%，农机作业效率提高 50%，能耗节约 50%，有效提高了农业生产的效率以及信息化、现代化、智慧化水平。

西部地区要加快北斗在农机制造领域应用，融合北斗导航定位、智能测控与物联网等新一代信息技术，构建基于大数据的全程机械化作业云服务平台，提高农业耕整、种植、植保和收割等劳动效率；加快北斗在农田信息采集、土壤养分及分布调查、农作物施肥、农作物病虫害防治、特种作物种植区监控等应用，加快传统农业向智慧农业发展。

（三）推动北斗系统在基础设施领域的应用

北斗系统在交通领域应用场景有：车辆自主导航、车辆跟踪监控、车辆智能信息系统、车联网应用、铁路运营监控等；航海应用，如远洋运输、内河航运、船舶停泊与入坞等；航空应用，如航路导航、机场场面监控、精密进近等。利用北斗定位导航服务，结合互联网通信技术，实现旅游大巴车、危险品运输车及重型载货运输车等车辆的安全驾驶管理与调度，有效降低道路事故发生风险，提升道路运输管理水平及车辆调度能力。北斗系统可为铁路基础设施建设及养护维修、时间同步、客货运输调度、形变监测、作业人员安全防护、列车运行控制等领域提供定位导航授时服务，能为铁路运输提质增效、确保安全带来切实效益。电力管理部门通过使用北斗系统的授时功能，保障电网安全稳定运行。北斗系统在电力方面的应用主要包括电网时间基准统一、电站环境监测、电力车辆监控等应用，其中电网时间基准统一等迫切需要高精度北斗服务。北斗系统用于电力线路巡检、设备定位和故障诊断，可提高电网运行的可靠性和安全性。推动北斗系统在基础设施领域中的应用，加快北斗系统与传统基础设施融合发展，如北斗与传统"铁公基"融合发展，可促进道路、管道、桥梁、水利、能源等基础设施升级改造，提高传统基础设施的便利性、快捷性、安全性和使用效率，形成的数字化基础设施，打造智慧交通、智慧能源、智慧水利等新型基础设施。

近几年我国交通部门大力推进北斗系统在交通行业的应用，北斗在重点运输过程监控、城市交通出行服务、公路基础设施安全监控、港口高精度实时定位监控调度、铁路测试监测和运输运营等全领域得到了广泛应用，北斗助推共享单车、网约车、无人机投递、网络货运等新业态、新模式蓬勃发展，显著提升了综合交通管理效率和运输安全水平。"十四五"期间，交通运输部持续深入推进行业北斗系统应用，《"十四五"现代综合交通运输体系发展规划》《交通运输领域新型基础设施建设行动方案（2021—2025年）》《数字交通"十四五"发展规划》《交通领域科技创新中长期发展规划纲要（2021—2035年）》等与北斗交通应用相关规划陆续出台，同时设立并实施"北斗领航"工程重大项目，在"十四五"时期要求实现北斗系统对交通运输重点领域全面覆盖，并在全行业深度应用；推广应用北斗三号终端，开展民航业北斗产业化应用示范；推广船舶北斗高精度位置服务，建设北斗全球海上遇险与安全支持系统，深化北斗全球航运示范应用；部署北斗、5G等信息基础设施应用网络，构建基于"北斗+5G"的应用场景和产业生态；探索北斗系统在车路协同、港口作业等领域应用，推动交通运输领域北斗系统国际化应用。在一系列规划与"北斗领航"项目的推动下，我国交通运输领域已有超过800万辆道路营运车辆、90 000多辆邮政快递车辆、48 000多艘船舶、13 000多座水上助导航设施、2 000多架通用航空器应用了北斗终端设备。长江干线北斗卫星地基增强系统工程已经建成并投入使用，实现了长江干线及周边80 000余平方千米的北斗卫星地基增强信号全面覆盖，北斗智能船载终端已陆续投放航运市场，开始为用户提供实时厘米级的位置信息服务。

北斗铁路规模化应用持续推进。2022年3月，作为铁路行业首批国家北斗重大专项，北斗铁路行业综合应用示范工程项目圆满完成各项任务。项目建设1个大数据中心，构建1个时空信息云平台，在铁路工程测量、自动化监测系统、智慧工地系统、位置感知预警防护系统、铁路工务巡检、轨道测量及平顺性检测、"一带一路"中欧班列集装箱定位跟踪、高分遥感地质调查和高铁列控系统9大铁北路业务板块应用推广了8 000余台（套）北斗终端设备。同时，该示范工程还完成了71项北斗知识产权布局和专利预警，助力打造了产品系列化、技术标准化、应用规模化、服务产业化、市场全球化的"五位一体"北斗铁路应用产业。项目的成功完成为中国建立铁路行业北斗"应用+标准"双重体系奠定了基础，有力促进了中国北斗和中国高铁两张"国家名片"的深度融合。此外，国家能源集团铁路装备公司的518列铁路主力车型也安装部署了自供电的北斗定位终端，实现了北斗定位铁路货车首次应用，标志着交通强国建设试点项目"基于北斗卫星定位技术的铁路货车全生命周期实时综合管理系统"取得阶段性成果。据不完全统计，截至2022年第四季度，铁路运输领域已在列车、人员、集装箱等方面累计推广应用各类北斗终端超过10万台（套）。

电力行业持续大力推进北斗应用。北斗导航定位、授时授频、短报文通信三大功能在电力系统都已实现应用，涉及无人机智能巡检、地质灾害监测预警、变电站统一授时、用电信息采集、统一车辆管理、线路故障定位等二十余个业务场景，以及基建、运检、营销、调控等多个业务领域。在电力调控、管理信息领域计划全面应用北斗授时信号，频率同步骨干网全部接收北斗授频，电力行业车辆全部安装北斗车载终端。目前，电力行业已推广应用北斗定位、授时、短报文通信等各类终端超过 38 万台（套）。国家电网已将北斗作为支撑国家"双碳"目标、助推实现电网数字化转型发展的必要时空技术手段。其中，北斗短报文应用实现了营销、输电、配电等业务数据信息和控制指令安全传输，电力通信业务的覆盖范围从 97.83% 提升到 100%，基于北斗的用电信息采集系统已遍布甘肃、宁夏、陕西等省份的十几个边远地市，采集成功率达到 99%。下一步，国家电网将实现六大电力领域场景化应用和通导遥一体化运营服务，通过空天地一体化全时空感知体系，为智慧能源应用提供高精度时空基准，为电网数字孪生提供技术支撑和门户入口。2021 年，南方电网北斗一体化运营服务平台上线，通过由 607 座北斗定位基准站组成的高精度服务网为广东、广西、云南、贵州、海南五省区提供高精度位置服务、常规位置服务、短报文通信服务、时频监测服务四大服务。其中，高精度位置服务可为南方电网供电区域的无人机自主巡检、变电站机器人巡检、杆塔监测等业务应用的智能设备提供可靠的、精准的、稳定的高精度位置服务；常规位置服务可为公司的车辆管理、物资流转、人员定位等提供高效、安全、便捷管理手段；短报文通信服务可在应急情况下提供补充通信服务管理；时频监测服务可为电力设备提供精准的时间频率监测管理，保障电网生产安全。《南方电网公司北斗卫星导航系统"十四五"应用规划》提出，2022 年要实现 500 千伏及以上线路自主巡检全覆盖；2025 年建成北斗高精度地质灾害监测站不少于 300 个，以提供精准实时的地质灾害监测和预警服务。目前，南方电网已在广东、广西、云南、贵州等省区试点开展地质灾害监测应用，通过实时监测地质变化和杆塔状态，提升了安全管理和灾害预警能力。未来，北斗将在电网无人机自主巡检和地质灾害监测等方面发挥出更加重要的作用。

西部地区要深化北斗导航系统在交通运输领域的应用，参与西部地区智慧交通建设，加速北斗在车辆自主导航、车辆跟踪监控、车辆智能信息系统、车联网应用、铁路运营监控等方面的应用；加速北斗在航路导航、机场场面监控、精密进近等航空领域应用。加速开展北斗定位、导航技术成果与高精度地图产品的融合应用，以便于在道路运输发展、交通基础设施建设、精准物流、营运车辆监控、港口作业、智慧交通调度管制等工作中开展应用。推动北斗短报文特色功能在船舶监管等领域应用。推动北斗在车路协同中应用，车路协同是采用无线通信、传感探测等先进技术手段，能实现对人、车、路的信息的全面感知和车辆与基础设施之间、车辆与车辆之间的智能协同和配合，从而达到优化系统资源、提高道路交通安全和效率、缓解道路交通拥挤的目标。

加强北斗系统在铁路基础设施的规模化应用，参与西部智慧高铁建设。加强北斗在铁路工程测、自动化监测系统、智慧工地系统、位置感知预警防护系统、铁路工务巡检、轨道测量及平顺性检测、"一带一路"中欧班列集装箱定位跟踪、高分遥感地质调查等领域的应用。加强北斗系统与5G通信网络、大数据、区块链、物联网等新型基础设施融合发展，丰富应用场景，延伸产业链条，统筹推进新一代移动通信专网建设，构建泛在先进、安全高效的现代铁路信息基础设施体系，打造中国铁路多活数据中心和人工智能平台，提升数据治理能力和共享应用水平。强化铁路网络和信息系统安全防护能力，确保网络信息安全。以推动新一代信息技术与铁路深度融合赋能赋智为牵引，打造现代智慧铁路系统。

推广船舶北斗高精度位置服务，加强北斗系统对内河航道尺度、水文、气象等在线监测，推动通航建筑物和航运枢纽大坝关键设施结构健康监测，提高内河电子航道图覆盖率，提高航道维护智能化水平。整合航道、海事、水运数据资源，提高航道突发事件应急联动效能。推广船舶污染物接收和监督系统，实现船舶污染物接收转运处置联合监管、船舶排放控制区现场监督检查等功能。建设适应智能船舶的岸基设施，推进航道设施与智能船舶自主航行的配套衔接。推广船舶过闸智能调度，推进船闸设施自动化控制、智能调度、船舶通行、故障预警等一站式服务。

大力推进北斗系统在能源行业的应用。利用北斗导航定位、授时授频、短报文通信三大功能，为能源领域机智能巡检、地质灾害监测预警、变电站统一授时、用电信息采集、统一车辆管理、线路故障定位等提供可靠的、精准的、稳定的高精度位置服务。积极开展电厂、电网、油气田、油气管网、油气储备库、煤矿、终端用能等领域设备设施、工艺流程的智能化升级。适应数字化、自动化、网络化能源基础设施发展要求，建设智能调度体系，实现源网荷储互动、多能协同互补及用能需求智能调控。

（四）推动北斗系统在智慧城市建设中的应用

智慧城市是当今最具创造性和活力的城市形态，已成为全球城市发展的战略选择。智慧城市建设，将极大地推动我国信息化发展进程，增强我国核心科技竞争力，改善、提高公共管理服务和人民大众生产生活水平。

智慧城市建设是在传统数字城管的基础上进行感知、互联、智能的智慧化城市管理建设。智慧城市是更全面、更完善的城市管理解决方案。在传统数字城管的基础上，通过北斗系统和物联网、大数据、地理空间等新一代信息技术的融合发展，以及社交网络、全媒体融合通信终端等工具和方法的应用，实现全面感知、宽带互联和智能融合，实现城市管理模式由数字化向智慧化的升级，打造安全、快捷、和谐的智慧城市。北斗系统可为城市治理提供高精度时空共性服务支持，驱动大量智能设备感知城市，落地交通运营、安全监测、绿色城管等场景应用，将精准时空能力广泛应用于城市精准管理。

北斗系统赋能智慧城市建设和管理具有广阔的应用前景。共享单车的精准停放，是北斗系统在智慧城市建设中的典型应用之一。共享单车车载北斗终端的高精度识别和提示，形成"电子围栏"，用户需要把共享单车停入指定区域才能完成锁车，终止计费，从而在根本上解决单车乱停放的问题。运用北斗系统，公交站台上的显示屏可以动态显示离该站台最近的公交车，为等待中的乘客预告下一班车的实时运行情况，预报误差小于15秒。装有北斗终端的交通铁骑在指挥中心的统一调度下，可以快速疏导拥堵路段、及时处置警情事故、精准打击交通违法、解决市民紧急求助，保障城市交通路网的安全、畅通运行。利用北斗系统开展对燃气管网的精准检测，可以更加快速精准的排查风险点，保障燃气设备设施的安全，减少检修时间，提高检修的效率及精准度。安装北斗终端的窖井盖，可实现后台的精确定位、实时监控，只要发生分米级的异常移动，它就能及时发出报警信号。安装北斗车载终端设备的环卫车辆，管理人员可以实时监管车辆作业情况，包括出车时间、驾驶速度、行驶轨迹等信息。

近年来，北斗系统在智慧城市建设中的智能交通、智慧物流、智慧旅游、智慧社区等先行试点领域逐步开展应用。北京市在《北京市智慧社区建设指导标准》中提出，要在智慧社区基础设施中，探索和丰富物联网、云计算、北斗和移动互联网等新一代信息技术在社区的应用，即将建立的632个智慧社区，在文化教育、卫生计生、养老助残、生活服务等方面都将利用北斗系统提供导航定位等服务。深圳市交通运输部门依托北斗时空服务体系，以云计算为手段，建成了集卫星导航、移动互联网、时空信息、智能传感等应用技术的产业创新平台。甘肃省建成了"北斗物流云综合服务平台"，为甘肃省物流货运车辆提供多方位的物流信息服务，形成了面向15万辆物流车辆的基于北斗卫星导航系统的智慧物流综合服务体系。安徽省在全国先行将北斗卫星导航系统应用于全省旅游服务信息化，全面走进"智慧旅游"时代。

重庆市通过时空数据的汇聚、处理、共享、分发等，赋能交通运营、安全监测、绿色城管、水域巡检等各类场景应用，打造了一座"北斗+"的新型智慧城市。重庆市将2 000余套"云端一体"的北斗高精度智能终端广泛部署在城市中，包含北斗高精度车载定位终端、北斗高精度安全监测终端、北斗高精度人员定位终端、北斗高精度无人机等，它们构建起城市感知网络，赋予城市感知细微变化的能力，让城市运行变得更加智能、高效。这些时空精准数据将汇总到"共性管理服务平台"中，实现数据可视化以及时空数据汇聚、处理、共享、分发等信息服务，赋能多个城市场景应用。

在交通运营管理中，企业通过为货运车、出租车、网约车、班线客车、公交车等运营车辆安装北斗高精度定位终端和实时视频传输终端，使每辆车都有一份专属的"数据档案"。企业可以实时查询车辆高精度定位信息和车辆行驶轨迹，并判断车辆是否有偏航、超速等危害交通安全的驾驶行为，如驾驶员有违规行为，便会及时警告驾驶员，降低事故风险。在安全监测场景中，企业通过为城市桥梁、水利大坝、危旧房屋等安装了专业检测设备，可以进行自动化监测并以3D形式呈现检测体的安全状况，通过北斗高精度定位服务，为维修养护提供预警及科学依据，能够更好地规避安全事故的发生。在城市管理中，城市管理人员可以通过北斗高精度定位设备，实时掌握执法车辆和人员的实时位置情况，当发生突发事件时，平台可实现秒级响应，高效调度城管执法，30分钟内可到现场处置。在水域巡检场景中，管理人员通过将北斗高精度与无人机自主巡检、AI图像识别等技术相结合，长寿区实现了对水面垃圾、污水排放等现象进行识别，据统计，从无人机接到巡检任务开始至污染物识别完毕，比传统水域巡检的巡检效率提高了3倍以上。

西部地区要利用"北斗+"加快精准时空智慧城市建设和管理。通过时空数据的汇聚、处理、共享、分发等，赋能交通运营、安全监测、绿色城管等场景应用，打造智能交通、智慧物流、智慧旅游、智慧社区。利用移动智能终端、无人船、智能浮标等北斗高精度导航定位终端设备，结合"北斗+"、物联网、云计算以及遥感和地理信息技术，支持水环境信息化、水政执法、防汛预警、大坝监测、岸线巡查监控、河湖库边界定位和水环境监测、污染监控以及溯源追因等工作。利用北斗授时技术，对电力设施继电保护装置、自动化装置、运行调度系统等统一时间基准，实现对电力设施精细化管理，提高城市电网管理效率和水平。

（五）推动北斗系统在金融、物流、旅游等服务业领域的应用

1. 北斗系统在金融领域的应用

北斗系统在金融领域的广泛应用，为金融领域提供了高精度的时频保障，规范了金融交易行为，推进并建立了金融领域的北斗时间基准，提升了交易的安全性和便捷性，提供了个性化的金融服务，加强了金融市场的监管和风险管理，对于推进金融行业的健康发展和北斗卫星导航系统规模化应用具有重要意义。

北斗高授时为金融领域的建立统一的时间基准。金融行业计算机网络时间同步，涉及国家政治经济民生安全，因此自主化北斗应用势在必行。金融管理部门通过使用北斗授时功能，实现了金融计算机网络时间基准统一，保障了金融系统安全稳定运行。其主要包括金融计算机网络时间基准统一、金融车辆监管等应用。

北斗授时在金融风险控制方面发挥了重要的作用。通过利用北斗卫星系统提供的高精度授时功能，金融机构可以对交易时间戳进行精确记录，保证交易的准确性和可追溯性。此外，北斗授时还可以用于提供高精度的时间标签，协助金融机构对市场事件和交易风险进行监测和预测。通过将

北斗授时与金融风险控制系统结合，可以大大提高金融机构对风险事件的感知和应对能力。

北斗授时的应用能够提高金融交易的实时性和稳定性。北斗授时通过提供高精度的授时服务，可以准确记录每笔交易的时间，并提供时间验证功能，确保交易的合法性和可靠性。此外，北斗授时还可以提供高精度的时间戳，减少支付结算过程中的误差和延时，提高交易效率。通过有效利用北斗授时，金融支付结算系统可以实现快速、稳定和安全的交易处理。

金融数据分析对于金融机构来说至关重要，而北斗授时的应用可以提供高精度的时间标签，为金融数据分析提供基础。北斗授时的时间标签可以用于记录金融交易和金融事件发生的时间，帮助金融机构对数据进行时序分析和趋势预测。通过利用北斗授时提供的时间标签，金融机构可以更准确地分析市场行情、制定投资策略和评估风险。

北斗授时在金融交易监管方面也发挥了重要的作用。北斗授时可以提供高精度的时间校准，并通过时间验证功能确保交易过程的合规性和可追溯性。金融监管机构可以利用北斗授时提供的准确时间戳对金融交易进行监管和审计，确保金融市场的公平、透明和稳定运行。通过利用北斗授时，金融监管机构可以更加有效地识别和防范非法交易行为，保护投资者的权益。

2. 北斗系统在物流领域的应用

北斗卫星系统作为我国自主研发的卫星导航系统，近年来在智慧物流领域发挥了重要作用。通过北斗卫星系统的应用，物流企业可以实现智能化管理，提高运输效率，降低物流成本。越来越多的企业开始将北斗技术引入自己的物流系统。

物流企业通过接入北斗卫星系统，可以实现对车辆、货物等的精确定位和实时监控，大大提高了物流运输的可视化管理水平。首先，北斗卫星技术能够实现车辆的精确定位，物流企业可以通过北斗卫星系统准确掌握车辆的实时位置和行驶状态，及时调度车辆，提高货物的运输效率。其次，北斗卫星系统还能够对货物进行实时追踪，确保货物在运输过程中的安全性和完整性，减少货物的丢失和损坏的可能，提高客户的满意度。

北斗卫星技术的应用不仅仅局限于物流企业的车辆追踪和货物监控，还可以在物流供应链管理、仓储管理等方面发挥重要作用。物流供应链是物流企业的核心业务，通过引入北斗卫星技术，物流企业可以实现对供应链的全程监测和管理，提高供应链的可靠性和效率。例如，在冷链物流中，物流企业可以通过北斗卫星系统实时监测货物的温度和湿度，预警风险，确保货物的质量和安全。在仓储管理方面，物流企业可以通过北斗卫星系统对仓库库存进行实时监控和管理，提高仓储的效率和安全性。综上所述，北斗卫星技术的应用为物流企业提供了全面而详细的数据支持，助力企业实现智能化管理，迈向更高水平的发展。

总之，北斗卫星助力物流企业进入智慧运输新时代，其应用为物流行业带来了革命性的变革和巨大利益。通过北斗卫星系统的应用，物流企业可以实现车辆精确定位和实时监控、货物追踪、供应链管理和仓储管理等多个方面的优化，全面提升物流运输的效率和安全性。随着北斗卫星技术的不断创新和完善，物流企业在未来将迎来更加智能化的发展，为客户提供更好的物流服务。

3. 北斗系统在文化和旅游领域的应用

《"十四五"文化和旅游发展规划》指出，推进文化和旅游数字化、网络化、智能化发展，推动 5G、人工智能、物联网、大数据、云计算、北斗导航等技术在文化和旅游领域的应用。加强文化和旅游数据资源体系建设，建立健全数据开放和共享机制，强化数据挖掘应用，不断提升文化和旅游行业监测、风险防范和应急处置能力，以信息化推动行业治理现代化。

近年来，北斗导航系统在文化旅游领域内得到较快的应用。景区管理人员利用北斗终端提供的位置信息，对景点中的地理事物、自然资源、旅客行为、景区工作人员的足迹、景区基础设施等进行全面、透彻、及时的分析感知，对游客、景区工作人员实现可视化管理，从而优化景区业务流程，提升智能化运营水平。

景区可利用北斗终端，为游客提供精准的定位信息，通过电子地图展示区域内的景点和店铺，并提供路线规划和电子导游功能，形象地说明有助于游客自由进入景点游览。同时，北斗终端有利于旅行社或旅游局掌握游客信息，便于加强人群管理和防范预警。北斗的智能终端系统使景区实现了导游电子化，上线了全程实景语音讲解、手绘地图和旅游线路规划三大功能，为游客提供了直观、综合的导游服务。

数字景区信息可预装或现场配载，景区数字地图、多媒体图片和导游数据可下载到智能终端，为游客在观光过程中提供实时准确的路线引导，还可以提供多媒体景点介绍，由北斗和移动通信技术处理、分析、管理整个景区的各个部分和事件信息，保障景区的人群、物流、资金流、信息流、交通流的通畅、协调。

景区可配备应急救援模块应急响应系统和应急预案。北斗终端配有一键求救功能，一旦出现突发险情，游客可以马上报警，救援中心可以及时准确地获得游客的求救信息，提高救援效率。用户随身携带救援终端，根据不同情况按下功能键，救援终端通过北斗系统发出求救信号，北斗导航系统接收求救信号后，通过计算将求救信号和用户位置坐标转发给监控中心，服务系统通过电子邮件、短信、即时通讯等渠道发送救援信息通知被救援人员事先指定的联系人，同时将救援信息发送给当地救援部门，当地救援部门根据返回的用户位置坐标组织有效救援。

西部地区具有得天独厚的文化和旅游资源，要大力推动北斗导航、5G、人工智能、物联网、大数据、云计算等新型基础设施在文化和旅游领域中的应用，推进文化和旅游数字化、网络化、智能化发展。

二、推进北斗在自然资源环境保护领域的应用

北斗系统具有高精度定位、测速、授时能力，其应用服务体系日趋完善，可为国土空间规划、调查监测、保护修复、灾害预警防范以及测绘地理信息等自然资源管理工作提供安全高效的时空数据支撑。利用北斗／GNSS 地基增强系统高精度定位技术，结合互联网通信技术，能满足不同用户对定位精度、实时性和抗干扰性等性能的要求，服务城市规划、国土测绘、地籍管理、城乡建设、环境监测、防灾减灾、交通监控、矿山测量等多种应用场景。北斗系统在矿产勘探和开采中应用广泛，主要用于资源勘探、地质调查和设备定位，提高矿产资源开发的效率和精确度。利用北斗定位+移动通信技术，可开展珍稀野生动物栖息地调查和野生动物的追踪监测等应用。

随着我国经济社会的发展，工业生产对河流、湖泊等水环境造成了严重污染，水质监测是提高水环境管理与保护的必要手段及重要环节。传统

的水质监测系统存在布线复杂、监测范围有限、偏远地区和深海水域GPRS信号不稳定、不能自主导航和实时在线测量等问题。利用北斗/惯性导航系统的移动型水质监测系统，对水质进行无人自主监测，对水质监测数据实时收集、传输和处理，可以有效提高对水污染等突发事件的应急处理能力，为加大水污染防治力度，保障国家水安全提供技术保障与支撑。

大气污染物监测是环境监测的重要组成部分。长期以来，在大气污染物监测工作中，特别是在大气应急监测中，对大气污染物自动监测点位或移动监测车辆存在管控不准确、不实时的问题。北斗环境监测信息系统可用于数据采集与传输、报表查询、监测计划、GIS 地图监控及通信报文。北斗环境监测信息系统建设及成功运行，实现了对大气污染物的实时、稳定、有效地监测，为大气环境监测管理、应急指挥决策提供了有力支撑。同时，为北斗系统应用于环境自动监测及应急监测起到示范作用。

北斗系统在矿山综合治理中的应用主要有五个方面：一是矿山地质环境动态监测，通过布置北斗监测感知设备实时监测矿区边坡、地表等地质环境的状况，实现灾害提前预警。二是周边水源情况监测，运用北斗技术，对项目施工过程中的生产及生活用水进行用水量、水质监测，确保施工生产过程中生活用水安全、生产用水合格、排放污水达标，防止水环境污染。三是空气质量监测，运用北斗技术，结合大气监测仪对矿山及周边的大气进行监测，防止施工过程中产生的噪声、扬尘等对周边居民、周边环境产生污染。四是矿山巡查及边界保护，借助北斗高精度定位、无人机自主飞行和三维大数据处理技术，对越界等行为进行取证。通过综合运用北斗及相关技术，对以上几个方面进行动态监测，实现对矿山的综合治理。五是矿山综合治理工程中智慧工地和智能工程机械的自动化作业等应用。随着工业化发展的进程，为了满足生产建设的需求，对矿产资源的开发利用不断加剧，而过去粗犷的开采模式带来了诸多严重的资源环境问题。因此，利用北斗/GNSS 高精度定位技术构建矿山监测系统、人员保障系统、资产监管系统，对矿区地质、水源、大气等环境进行实时监测，可为矿山环境得到有效保护和及时治理提供技术手段和数据依据，可完成对矿山开采—仓储—运输—销售的全流程监管。

西部地区要拓展北斗在自然资源领域应用的广度和深度，有力提升管理实时化、精准化和数字化水平，促进自然资源高质量发展。提升卫星导航定位基准维持与统一服务能力，大力推进自然资源系统国家级和省级基准站数据资源统筹，构建起框架统一、功能完备、无缝衔接、服务高效的全国北斗定位差分服务"一张网"基准服务系统。推进北斗系统在测绘地理信息、耕地保护、自然保护地监管、地质矿产、国土空间规划、水资源、水环境、大气污染、生态保护修复、灾害预警防范、调查监测、林草碳汇计量等自然资源领域的深入应用。

三、推进北斗在防灾减灾、应急救援、森林防火和公安等公共安全领域的应用

公共安全领域主要包括公安巡逻、应急管理、防灾减灾、森林防火等领域。北斗系统在防灾减灾、应急救援和公安等公共安全等领域得到一定规模的应用和部署。

防灾减灾领域是北斗应用较为突出的行业之一。灾害管理部门通过北斗系统的短报文与位置报告功能，可以实现灾害预警速报、救灾指挥调度、快速应急通信等功能，极大提高灾害应急救援反应速度和决策能力。其主要包括灾情上报、灾害预警、救灾指挥、灾情通信、楼宇桥梁水库等监测等应用。其中，救灾指挥、灾情通信使用了北斗特有的短报文功能，楼宇桥梁水库等应用利用了高精度北斗服务。在一些地震、洪水、泥石流等灾害常见发生地，移动基站容易损坏，通过设置高精度北斗接收机作为监测点，就能在堤坝形变超过安全范围值的情况下进行告警，及时疏散当地的群众，避免造成不可挽回的人员和经济方面的损失。目前，北斗综合减灾救灾应用系统集成了北斗短报文与手机短信、微信的互联互通等功能，采取"部、省"两部署，面向"部、省、市、县、乡镇、社区"六级灾害管理部门提供灾情直报与监控业务应用，具备全国"一张图"救灾资源位置监控能力。

全球卫星搜救系统是全球范围的公益性卫星遇险报警系统，旨在提供准确、及时和可靠的遇险报警和定位服务，帮助搜救机构获取遇险信息，提高对遇险船只、航空器和人员的搜救成功率。北斗国际搜救系统具备提供符合全球卫星搜救系统要求的卫星搜救服务能力，并具备北斗特色返向链路服务能力。基于北斗/GNSS的可视化指挥调度系统，结合了前端北斗

智能终端，在发生突发事件时，可以将现场位置以及视频信息在第一时间回传指挥中心，使指挥中心能够及时获得现场信息，实现了统一指挥调度，提高了决策的准确性和及时性，提升了调度的精准性和指挥效率。

公安行业北斗系统主要应用于指挥调度、通信保障、移动警务等工作，公安部现已初步建成全国"位置一张图、短信一张网、时间一条线"的北斗系统应用框架体系，已经在治安管理、边境巡控、反恐维稳、禁毒铲毒、大型活动安保等领域开展业务化应用。新一代北斗警用位置资源管理与服务系统——"北斗综合位置服务平台"已开始应用。该平台全面整合了警用定位资源，可以满足全警种对北斗定位及位置资源信息的综合应用需求，该平台包含北斗卫星导航车载定位系统、北斗可视化巡防勤控系统、城市电动车运营管理平台等。

中国卫星导航定位协会公布的《2023 中国卫星导航与位置服务产业发展白皮书》数据显示，截至 2022 年年底，"北斗+安全智能监测预警云平台"已在全国 20 个省（区、市）的交通、水利、地质灾害、住建、应急、能源、矿山、环境等领域的 600 多个结构物上成功应用，布设监测点8 000 多个，完成了 600 次安全预警，社会经济效益显著。截至 2022 年年底，以北斗高精度技术为核心的普适型地质灾害监测预警系统已在云南、四川、重庆、青海、湖北、浙江等十余个省市开展监测，累计在 3 000 余处地质灾害隐患点安装了 15 000 余套自动化监测预警装备，在汛期来临之前充分保障了地质监测预警工作的顺利开展。2019—2022 年，自然资源部已累计在全国建成了 4.5 万余处普适型地质灾害监测预警实验点。这些监测预警实验点将北斗高精度接收机、雨量计等各类传感器组合起来，对灾体隐患点的形变、裂缝、地下水位、降雨量等进行监测，并可将数据传输到后台，实现远程在线实时监控、分析和预警。到"十四五"末期我国将建成并运行该类预警实验点 8 万余处，形成国家地质灾害智能化监测预警网络，科技防灾成效显著。

中国卫星导航定位协会公布的《2023 中国卫星导航与位置服务产业发展白皮书》数据显示，截至 2022 年年底，河北、湖北、广东、吉林、四川、陕西、新疆等省（区、市），为护林员配备的北斗巡护终端超过 1.4万台（套），为林业管理提供了精准可靠的数据，提高了森林资源巡护管理能力，有效降低了森林火灾的发生概率。山东、黑龙江、云南、宁夏等多个省市利用基于北斗的无人机开展森林防火巡逻，全面提高了森林防火的巡查效率和预警能力。据不完全统计，截至 2022 年第四季度，在森林草原防火、林业巡查、林政执法等领域已累计推广应用各类北斗终端设备接近 11 万台（套），实现了路线规划和导航、人员和车辆定位、林草巡护、轨迹追踪和回放、数据采集上报、位置和事件上报、指挥通信、灾害监测、人员安全管理等业务的北斗应用；在水利行业的水文监测、大坝变形监测、水情巡检等领域已累计推广应用各类北斗终端设备超过 1.3 万台（套），其中约 1.1 万个水文观测站应用了北斗系统，约 960 处变形滑坡体设置了北斗监测站点，取得了良好示范效果。

西部地区要继续加强北斗在灾害监测、灾害预警、救灾指挥、灾情通信等方面的应用；加强北斗在应急管理领域的通信保障、信息采集、监测预警、指挥调度等领域推广应用，利用北斗短报文双向通信功能，强化应急指挥、人员定位、物资配送等保障；加强北斗系统在森林资源调查、森林管护、森林防火和应急指挥、森林病虫害防治、野生动植物保护等领域的推广应用；加强北斗系统在水利行业水文监测、大坝变形监测、水情巡检等领域的推广应用；加快新一代北斗警用位置资源管理与服务系统建设，提高公安系统效率。

四、推进北斗在民生领域的应用

在公共卫生领域，医疗机械利用北斗系统服务对重大疫情进行追踪溯源、巡防管控和精准检测；应用"北斗+5G"融合技术，开展远程诊疗、重症监护等服务，增强医疗服务可及性、及时性。

在教育安全领域，教育机构利用北斗系统，推广应用集通信、定位、管理、预警等功能模块于一体的终端，强化教师、家长与学生安全链接，针对相关区域划定安全围栏，及时提供校园安全预警和有效防护。

在智慧康养领域，相关部门支持运用北斗室内外精准定位技术，结合智能传感、物联网等，开展老年人健康监测、预警救护，建设智慧健康养老示范系统。

在特殊关爱领域，相关部门通过北斗系统导航、定位、短报文等功能，为老人、儿童、残疾人等特殊人群提供相关服务，保障其安全。其主要包括电子围栏、紧急呼救等应用，其中，电子围栏可在相关人群走出设定的电子围栏范围时，令设置人手机及时收到提醒；围绕视障人群的无障碍独立出行需求，实现了室内精准无障碍导航、室外复杂环境精准导盲，有效解决了视障人群出行问题。

在大众消费领域，企业应探索北斗高精度、短报文等功能的应用场景，引导北斗系统在智能手机、服务（特种）机器人、穿戴式设备等个人消费领域的大众应用。在共享车辆精准管理领域，行业主管部门应利用北斗系统电子围栏技术，推进互联网租赁自行车管控试点，规范共享车辆在市政道路上的停放秩序，助推共享单车、网约车、无人机投递、网络货运等新业态、新模式蓬勃发展。

第十二章　北斗产业园发展

2013 年《国家卫星导航产业中长期发展规划》的发布，引起一波北斗产业园的建设热潮，截止到 2017 年 6 月，国内已有 40 余个北斗产业园区，分布在全国 19 个省市自治区，其中已建成并投入运营的仅 18 家。北斗产业园发展总体呈现"遍地开花，冰火两重天"的情景。除产业产值集中的五大区域九大城市以外，大量北斗产业园落地在经济不发达的省份，一些产业园深入到县级区域，投资额动辄上百亿元，但由于此类被投区域均无良好的电子信息、空间信息等产业基础，且设定的北斗产业发展目标多宏大模糊，大部分北斗产业园最后沦落到"圈地圈钱"的谜团之中。

从北斗的技术发展来看，产业园用地需求并不大，但投资成本往往高达上亿至几十亿元，资金需求量大，且一个产业园建设周期至少需要两年，而产业园投入运营预计需要四年时间，对一般民营企业来说，如此庞大的资金量与如此漫长的运营周期往往难以负担，因此常见的北斗产业园建设模式是政府联合高校或政府联合企业进行建设，并且需要依托产业园当地本身强大的基础设施、人才、研发能力等相关产业基础。因而北斗产业技术特点决定了产业园必须聚集在北上广深等有雄厚技术研发实力的城市，或是与电子产业紧密相关的长三角地区、珠三角地区、西南地区部分城市，其他地方应稳妥、慎重地考虑发展北斗产业园。

国家发展改革委通过前期广泛调研以及多轮项目筛选后，确定北京、上海、广州、南京、武汉、长沙、成都和西安为创建北斗产业示范园区依托城市，通过分析这八个示范城市的示范产业园，发现龙头企业带动是北斗产业发展成功的普遍规律，除此以外，由政策导向带动的产业集聚优势等也具有决定性作用。

一、合众思壮北斗产业园

合众思壮北斗产业园是一个集技术科研、双创孵化、产学研合作于一体的全球化新时空创新高地。合众思壮从 1994 年创立以来，经过三十年的发展历程，已发展为具备全球竞争力的北斗导航行业龙头企业之一，建立了包含算法、芯片、板卡、天线等核心技术研发到各类软、硬件研发制造的"端+云"时空信息核心技术体系，申请了 420 余项自主核心专利。在市场布局上，已形成全球化业务布局和服务能力，业务遍布全球 90 多个国家和地区，其产品与服务广泛应用于测量测绘、精准农业、机械控制、智慧城市、智慧交通等领域。凭借自主创新的动力与持续创新的能力，合众思壮积极开拓国内、国外市场，加速推进"北斗+""+北斗"产业发展，将北斗应用到更加广阔的天地中，旨在打造成为全球时空信息产业创新企业的聚集区，为用户与合作伙伴提供全球化的运营支持，促进中国企业走向世界，助力北斗导航产业升级跨越，实现全球化布局发展。

①技术创新。2010—2020 年，合众思壮每一年都推出了全新的或迭代的技术。2010 年合众思壮上市，首次推出了面向全球的"位置云"技术体系。2011 年，合众思壮发布了首次实现跨平台、跨网络、跨行业的位置云典型技术 MiniSun4.0 和全球第三个、我国首个实现商用广域高精度数据增强服务系统的 IPPP（融合精密单点定位 Integrated Precise Point Positioning）。2012 年，合众思壮推出了移动互联终端 SP710、TCU、OBD 等新产品，标志着合众思壮在智能技术领域的持续进步和创新。2013 年，合众思壮在业内率先研制出了拥有完全自主知识产权北斗导航自动驾驶系统——"慧农"北斗导航自动驾驶系统。2014 年，合众思壮完成了新的 Phoenix 高精度定位算法的开发，极大地改善了弱信号环境下的高精度定位精度。2015 年，合众思壮发布首个由中国人完全建设和完全控制的全球高精度增强系统——"中国精度"，此举使得我国北斗用户在无须架设基站的情况下，可在全球任一地点享受便捷的厘米级高精度定位增强服务。2016 年，合众思壮发布"中国时间"北斗高精度时间同步和频率同步服务，精确修正北斗传播时延，为通信、电力、机场、港口、铁路、公安、金融等行业提供精确和一致的时钟频率。2017 年，合众思壮发布首款四通道 GNSS 宽带射

频芯片"天鹰"。2018 年，合众思壮以高精度星基增强基带芯片"天琴"、坚固型高精度智能平板终端 UG905 和测量型 GNSS 接收机 G970II 三款产品献礼改革开放 40 周年。2019 年，合众思壮发布全球首颗支持"北斗三号"全信号体制的高精度基带芯片——天琴二代。同年，合众思壮的"慧农"农机自动驾驶系统配套一台拖拉机亮相在突尼斯举办的中阿北斗合作论坛，这是该系统在阿拉伯世界的首秀。2020 年，合众思壮发布 G970II Pro，启用商标"Beidou Plus"，发起"北斗 RTK 普及风暴"。

②业务模式。一方面，合众思壮不断从硬件驱动的单点方案向垂直行业的工作流集成解决方案全面升级，强化高精度全产业链和全球化布局；另一方面，合众思壮主要集中在北斗高精度、北斗移动互联、时空信息服务等三大业务领域，在测量测绘、精准农业、机械控制、智慧城市、公共安全、民用航空、交通运输等细分市场进行战略布局与市场开拓。

北斗高精度业务是合众思壮核心发展业务，其主要产品包括高精度 GNSS 基带处理芯片"天琴"及"天琴二代"、射频芯片"天鹰"、高精度定位定向板卡、智能天线、电台、GNSS 等组合导航产品等基础部件，以及测量测绘、精准农业、机械控制、高精度应用等产品及解决方案等，这些产品行销 90 余个国家和地区。北斗移动互联业务是合众思壮重点发展业务。依托于时空信息技术，在公共安全、民航、交通、智慧城市等专业领域，合众思壮提供独具特色的移动互联时空信息"云+端"解决方案。时空信息服务是合众思壮业务战略的重要组成部分。合众思壮构建了以"中国精度""中国位置""中国时间"为基础的时空基准服务体系和服务平台。结合自主研发的高安全声像图文时空大数据平台——博阳时空数据库，合众思壮能够为智慧城市、国土规划、公安、环保、交通、油气开发、农村土地承包经营权确权、地籍调查、不动产登记等众多专业市场提供包括时空数据获取、时空数据管理和时空应用在内的全方位时空信息服务。

③商业模式。在合众思壮内部，有"向左转"和"向右看"的说法。所谓"向左转"，指的是聚焦核心技术。合众思壮通过国内组建核心研发队伍、全资收购北美高精度卫星导航核心技术公司，聚焦高精度定位核心技术，经过多年的国内外团队融合，单点突破卫星导航核心算法技术，并逐渐形成了卫星导航射频芯片、基带芯片、天线、高精度算法、全球星基增强、传感器融合、通导一体化以及机械控制等领域的技术研发能力与产

品制造能力。目前合众思壮在芯片、板卡、电台、天线等方面，已具备国际领先的技术水准以及极具国际竞争力的性价比，初步具备与国际巨头直接竞争的能力。而"向右看"指的是深耕行业应用解决方案，就是基于核心技术及部件，加强产品的行业应用及解决方案的开发，推动行业应用拓展；研制基于自有算法、芯片及板卡的测量测绘设备、机械控制、农机自动驾驶等设备；并购整合典型行业应用解决方案公司，导入高精度卫星定位导航技术，创新新型行业解决方案，形成新的竞争优势，扩大既有市场份额，开拓新的行业应用增长点，形成增量市场。

④资本运作。上市迄今，合众思壮进行了多宗收购，总结来看，均是为了通过对下游产业链优势企业的收购，进入更多元的应用场景市场。

2014年，合众思壮收购长春天成和招通致晟两家公司，前者使得合众思壮将其在终端的核心竞争力和长春天成的云平台进行有机结合，获取公共安全领域"云+端"的强协同效应；后者使得合众思壮获得了专网通讯、保密通讯、应急指挥调度、复杂海量数据信号处理领域的国内领先技术。2015年，合众思壮对广州吉欧电子、广州吉欧光学、广州思拓力、意大利Stonex四家测量测绘领域企业发起收购，合众思壮完善了测量测绘产品线，并构建了海外市场资源。2016年，合众思壮收购广州中科雅图、上海泰坦及下属并购基金控股深圳儒科电子的股权。前者进一步加强了合众思壮在空间数据获取和服务方面的应用能力，加强了时空大数据平台技术和应用，强化了"中国位置"服务平台发展；后者对于合众思壮推出时空技术解决方案提供了有力保障。2018年，在推出国内首个涵盖北斗农机导航自动驾驶系统、变量作业系统以及农业信息化系统的全产业链解决方案的同时，合众思壮还收购了加拿大上市公司AgJunction（TSX：AJX）下属公司OutbackGuidance所有业务渠道、品牌、设施以及人才资源。借此，合众思壮全面进军国际精准农业市场。

⑤经营表现。基于技术推进和创新以及2015年开始的连环收购，合众思壮以卫星导航高精度技术为核心，内生与外延式发展并重的发展战略越来越见成效。其整体业务形成了"核心技术—板卡部件—终端设备—行业解决方案—时空服务平台"的高精度全产业链布局和全球化发展。以2010年上市后的经营历史来看，合众思壮的收入水平从2016年开始明显发力，而2016年正是公司技术迭代创新和向产业链下游布局的元年。合众思壮

2016 年主营业务收入规模达到 11.70 亿，同比增长 54.56%。对比 2010 年上市时期，翻了近 3 倍。同年的扣非净利润对比 2015 年大增 193.64%。其后，合众思壮的业绩增长势头在 2017 年、2018 年强势延续。2018 年的主营业务收入达到历史峰值，为 23 亿，扣非净利润为 1.603 亿。合众思壮解释道："在产业布局和规模化发展过程中，公司在北斗高精度、北斗移动互联、时空信息应用、通导一体化方向上均取得了一定的业务发展。"经过前一轮高速增长之后，合众思壮的业绩在 2019 年踩了刹车。2019 年财报显示，合众思壮实现营业收入 15.49 亿元，较上年同期减少 32.66%；归属上市公司股东净亏损 10.61 亿元。但是，综合来看，合众思壮行业地位及产品竞争力仍处于行业领先水平，随着资金问题逐步解决，合众思壮有望抓住市场机遇再创辉煌。

二、中国北斗产业技术创新西虹桥基地

2013 年 6 月，原总装备部和上海市政府正式为中国北斗产业技术创新西虹桥基地（简称"北斗西虹桥基地"）揭牌，同年年底基地正式开园，成为国内首批投入运营的北斗产业园区。基地位于上海虹桥商务区的核心功能区——上海西虹桥商务区内，背靠虹桥综合枢纽，面向江浙广阔腹地，是长三角区域一体化发展战略的核心区，是国际进口博览会的永久举办地。

北斗西虹桥基地作为全国范围内为数不多以"北斗导航"为特色产业的国家火炬特色产业基地，是上海市首批 26 个特色产业园区之一。已建立院士专家服务中心、上海北斗导航创新研究院、上海市北斗导航功能型平台、上海卫星导航定位产业技术创新战略联盟、上海高新产业融创服务战略联盟等公共平台。通过"政府支持+平台服务+企业集聚"三者有机结合，基地提供专家智库、技术平台、市场共享、资本助力等专业服务，通过龙头企业引领、纵向资源集聚、横向跨界融合等方式聚焦产业发展，构建全方位立体化的产业创新生态体系。

通过多方努力，北斗西虹桥基地已集聚了百余家北斗导航与定位相关企业，如华测、联适、威固、海积、普适、势航、道枢、川土等一批"北斗+""+北斗"跨界融合的知名企业，成功孵化创业板上市公司 2 家。

基地平均年产值增长 50%，上海市北斗导航功能型平台于 2019 年正式落地园区，通过共性技术协同研发与技术成果转化，支撑复杂场景高可用高精度融合导航技术创新，加速提升北斗导航产业领域发展能级。基地通过多年的发展，已成为国内技术综合竞争力较强、产业链较为完整，并具有较大影响力的北斗生态链产业园。

目前北斗西虹桥基地共有高泾路、高光路、赵巷三大园区，未来将紧紧围绕"规模化、产业化、国际化"的产业发展要求，以"创新时空、赋能产业"为使命，按照"一核两翼"产业定位，立足导航对智能无人系统和空间信息服务领域的支撑和引领带动作用，坚持高端引领，打造国家级示范园区，致力于成为具有全球影响力的北斗时空智能科创中心，积极推动园区产业生态服务平台溢出长三角、辐射全国，迈入全球服务新时代。

三、中国北斗卫星导航（南京）产业基地

中国北斗卫星导航（南京）产业基地是江苏北斗产业发展的主要载体，已形成 4.2 平方千米生产制造区和 0.5 平方千米研发运营区的空间发展格局。其中，研发运营区的北斗大厦由北斗总设计师孙家栋院士亲笔题字，是国内首座以"北斗"命名的产业研发大厦，总建筑面积 20 万平方米，一期工程已于 2012 年 9 月投入使用，二、三期工程建设也已启动。在做好基地建设的同时，基地将重点培育和吸引一批产业链上关键企业和龙头企业，促进江苏省北斗产业综合竞争力的迅速提高。江苏北斗产业基地以政策、平台、示范为抓手，引领全国北斗产业发展。聚焦智慧城市三大领域，开展 6 个重点应用示范工程建设，推动江苏北斗产业协调发展。智能交通领域：交通运输、道路交通管理等是卫星导航系统应用最为成熟和广泛的领域，重点打造智能交通诱导系统和基于北斗卫星差分定位的驾考与驾培系统。智能工业领域：江苏工业发达，企业集聚度高、产业规模大、工业和信息化基础较好，基地基于北斗的工程机械远程管理和控制系统和精细化工业物流管理系统两个项目开展示范应用。智能公共安全领域：校园安全、食品卫生、环境污染、城市和谐等直接影响国计民生，基地选择了基于室内外无缝定位的学生安全保障系统开展示范应用，同时还选择了基地所在的南京高新区开展城市综合管理开展应用示范。

四、西安国家民用航天产业基地

西安国家民用航天产业基地（简称"西安航天基地"）成立于 2006 年 11 月，是陕西省、西安市政府联合中国航天科技集团公司建设的航天科技产业和国家战略性新兴产业聚集区，是西安建设国际化大都市、国家级中心城市的功能承载区，于 2010 年 6 月 26 日被国务院批复为国家级陕西航天经济技术开发区。航天基地总规划面积 65.14 平方千米。一期规划面积 23.04 平方千米，经过多年的发展，已成为公共基础设施配套完善，产业集群优势明显，宜居宜业，产城融合的城市综合服务区；二期规划面积 42.10 平方千米，已启动建设，以航天产业及新能源产业为主的产业先导区已初具规模。随着一期的综合提升及二期的快速发展，西安航天基地未来将建设成为创新、和谐、宜居、宜业的世界一流航天新城。西安航天基地现有居民社区 16 个，常住人口约 16 万人，市场主体 2.28 万个，现有中小学校 29 所，在校学生 2.1 万人，现有医疗单位 8 家，三甲医院 1 所，床位 2 033 张。

西安航天基地自 2006 年成立以来，始终秉承国家意志，坚持航天产业立区，努力推进集群化发展，已成为中国航天动力之城、北斗创新的发源地，并服务于国家北斗导航工程、探月工程、载人航天工程、高分重大专项、新一代运载火箭工程等重大项目研发、建设，地区科技创新指标位居全国第四，为国家高质量发展增添了动力。

根据地区生产总值初步统一核算结果，2021 年西安航天基地所在地区生产总值同比增长 11.3%，两年平均增长 14.8%。其中，第二产业增加值同比增长 15.0%，两年平均增长 17.6%；第三产业增加值同比增长 8.4%，两年平均增长 12.5%。航天基地规模以上工业增加值同比增长 15.2%，两年平均增长 18.4%；固定资产投资同比增长 22.2%，两年平均增长 26.5%；社会消费品零售总额同比增长 11.5%，两年平均增长 3.4%。

未来，西安航天基地将始终以国家战略需求和区域经济发展为牵引，以战略性新兴产业为导向，以特色产业园区为依托，发展航天及军民融合、卫星及其应用、新能源、新一代信息技术四大产业，延伸产业链条，优化要素配套，推进工业化和信息化融合、军品和民品融合、产业化和城市化融合，大力提升主导产业规模及竞争力，建设特色鲜明的世界一流航天产业新城。

五、广州海格通信·北斗产业园

海格通信·北斗产业园是国家规划布局内最大的北斗产业园区，是海格通信为发展北斗产业重点打造的产业基地。园区位于广州科学城南翔二路，占地面积25 004平方米，总建筑面积67 103平方米。海格通信集团北斗板块多家科研生产单位已进驻，包括广州海格晶维信息产业有限公司、海华电子、广州润芯信息技术有限公司等。

广州海格通信集团股份有限公司（简称"海格通信"）创立于2000年8月1日，目前是广州无线电集团的主要成员企业。2010年8月31日，海格通信实现A股上市，目前已经成为行业内用户覆盖最广、频段覆盖最宽、产品系列最全、最具竞争力的重点电子信息企业之一，是行业领先的软件和信息服务供应商，是全频段覆盖的无线通信与全产业链布局的北斗导航装备研制专家、电子信息系统解决方案提供商。

海格通信经历不断并购外延的扩张阶段后，将原来分散业务聚焦于"无线通信、北斗导航、航空航天、软件与信息服务"四大板块。

海格通信无线通信领域产品覆盖中长波、短波、超短波等多种频段，为频段覆盖最宽、产品系列最全、用户覆盖最广的企业，其无线通信业务自2017年后收入逐步上涨，2021年实现营业收入26.66亿元，占营业总收入48.71%，在北斗导航领域形成了"芯片—模块—天线整机—系统及运营"的全产业链布局，是北斗导航领域的"国家队"主要成员，北斗导航业务自2017年收入逐步上升，2021年营业收入达4.25亿元，占总营业收入7.76%。航空航天领域通过收购摩诘创新和驰达飞机成为国内模拟仿真领域产业化的领军企业、拥有自主知识产权的高等级模拟器供应商，2021年营业收入达2.67亿元，占总营业收入4.88%。

海格通信软件与信息服务主要面向运营商市场，提供综合代维和网络优化服务，其软件与信息服务业务2021年营业收入为20.44亿元。海格通信以公司四大板块为基础，着力布局智能防护、国产化芯片、北斗+、卫星互联网、PNT体系等前瞻性、战略性新兴领域，2022年9月，其公司全资子公司天腾产业以总价 1.422 亿元竞拍取得了广州市增城区地块土地使用权，推进公司无人系统、模拟仿真、飞行培训等业务的战略布局。

海格通信拥有卫星导航系统核心技术，实现全产业链布局，竞争优势显著。海格通信是国内最早从事无线电导航研发与制造的单位，紧跟卫星导航设备及芯片研制，具备核心技术优势，拥有国内领先的高精度、高动态、抗干扰、通导一体等关键技术自主知识产权，具有北斗"芯片、模块、天线、终端、系统、运营"全产业链研发与服务能力。

海格通信突破了北斗三号核心技术，掌握了核心技术体制，构建起芯片竞争优势，是特殊机构市场北斗三号芯片型号最多、品类最齐全的单位，实现了北斗三号终端在特殊机构用户全方面布局。北斗三号产品包含所有军种，订单数量相较北斗二号有一定提升。海格通信依托构建起的北斗三号芯片竞争优势，实现了北斗三号终端在特殊机构市场的全面布局，进入了高端新平台领域，市场容量可观。海格通信参与了北斗导航所有品类产品的竞标并全部中标，且基本为第一、第二顺位中标。随着国防信息化的发展，面对日趋复杂的国际形势，武器装备对于精度的需求越来越高，依托于北斗技术优势，海格通信各装备市场的份额将进一步扩大。

作为"北斗+5G"领域领先者，海格通信致力于北斗规模化应用，先后突破北斗信号处理、定位解算等一系列关键技术，攻克世界最先进的基带芯片架构，关键指标达到世界先进水平，是北斗导航领域的领军企业，着力推进"北斗+5G"技术融合和关键成果转化，重点布局交通、应急、能源、林业、渔业、电力等行业市场。

六、武汉大学科技园

1999 年，湖北省按照"一园多校"模式建设武汉东湖高新区国家大学科技园，武汉大学科技园成为其重要组成部分。自 2000 年成立以来，经过多年发展，武汉大学科技园已成为东湖高新区企业孵化网络的重要组成部分和武汉大学实现产学研结合及社会服务功能的重要平台，于 2010 年 10 月被独立认定为国家大学科技园。

武汉大学科技园依托武汉大学和东湖高新区，秉承"发挥优势学科，培育特色产业"的宗旨，不断完善孵化服务体系，构筑了以地球空间信息产业（主要指卫星定位系统 GPS、地理信息系统 GIS 和遥感遥测 RS，简称"3S 产业"）为主，物联网、汉语推广、生物医药、光电子、节能环保、新材料、新能源等产业为辅的"一主多辅"产业格局，拥有国家地球空间信息武汉产业化基地和武汉大学汉语国际推广教学资源研究与开发基地两个国字号基地。

　　未来，武汉大学国家大学科技园将进一步发挥武汉大学的人才、学科和技术优势，孵化科技型中小企业，加速高校科技成果的转化与产业化，着力培育战略性新兴产业；开展创业实践活动，培育高层次的技术、经营和管理人才；通过多种途径进一步完善园区基础设施建设、服务支撑体系建设、产业化技术支撑平台建设、高校学生实习和实践基地建设，为入园创业者提供全方位、高质量的服务，努力建设一流大学科技园，使武汉大学国家大学科技园成为国家创新体系的重要组成部分和自主创新的重要基地，成为发展战略性新兴产业的重要载体，成为推动区域经济发展、支撑行业技术进步的重要创新源泉。

七、长沙中电软件园

　　长沙中电软件园是湖南省政府与中国电子战略合作共建的国家软件产业基地项目，总规划 1 500 亩，分三期开发建设，其中一期项目 320 亩已开发建设完成，建筑面积 30 万平方米，形成了以总部大楼与湖景为中心，孵化楼、研发楼、SOHO 办公楼、创业公寓等融为一体的花园式高端产业社区，社区容积率为 1.18、绿化率为 36.8%。

　　园区以聚集创新资源、培育新兴产业、推动城市运营为使命，以打造产业服务专家为指引，以构建央企为龙头的双创服务体系为抓手，形成央企对接、产业聚集、协同创新三大服务平台系统。目前，园区已获得国家科技企业孵化器、国家众创空间、省特色产业园等资质平台 15 个，建成了湖南省无线电检测中心、院士专家工作站等公共技术服务平台，建成了科技成果展示厅、多功能会议厅、云咖啡、数字机房、商务配套等创新创业公共服务硬平台；引进了腾讯众创空间、微软云暨移动应用孵化平台、长沙智能制造研究总院等高端专业的众创平台，为入园企业和项目开展新三板上市、知识产权、高新技术企业认定、财税、HR 系列沙龙、法律、管理、项目申报、软件开发工具等系列培训服务，营造出浓厚的创新、创业氛围，成为"双创"新高地。

长沙中电软件园始终坚持创新为核、产业为先、企业为本、人才为上，一步一个脚印地把园区产业发展推向前进，形成了"央企搭台、湘军唱戏，培育电子信息产业新湘军"的良好局面。园区稳步迈向高质量发展阶段，各项主要经济指标稳步增长，亩均产值和亩均税收均排行全国前列。除了北斗导航产业，自主安全计算、工业互联网、移动互联网也是园区前瞻布局、重点发展的特色新兴产业，经过多年持续积累，园区已形成以自主安全计算为主导，以北斗导航、工业互联网、移动互联网为特色的"一主三特"产业体系，具备扎实的产业基础和优越的创新环境。

①自主安全计算产业占据高地。园区发挥中国电子网信产业国家队的领军作用，形成贯通通用芯片、操作系统、整机及终端、信息安全、商用密码等的信创产业集群，构建了整机牵引、协同适配、开放联合的 PKS 产业生态。2022 年，16 家园区企业进入信创产业分类排行榜。中国长城高性能数据库一体机平台入围信创典型方案；中电长城总部基地封顶，将打造国家网信产业核心力量；麒麟软件主导发起中国首个桌面操作系统根社区 openKylin；中电金信在园区建设全国首个金融信创实验室；湖南亚信 AntDB 获 2022 年"最佳数据库品牌"；进芯电子推出全新改进型 16 位 DSP；长城信息"无感适配平台软件"和湖南长城科技"中国信创服务社区"入选 2022 年度湖南省首版次基础软件产品。

②北斗导航产业形成特色。以北斗三号全球组网为契机，园区承接中国人民解放军国防科技大学北斗团队，在北斗芯片、北斗终端、模拟源及仿真测试、北斗应用等领域具有核心竞争力。园区受邀参加了中国卫星应用大会——5G+通导遥发展高峰论坛并作《构筑北斗时空信息产业高地，建设北斗产业特色示范园区》主题汇报。湖南省政府、中国人民解放军国防科技大学、中国电子共同推动的星河电子产业化项目实现落地，将打造时空信息领域覆盖天地一体、提供综合服务的产业集群头部企业；长沙北斗研究院湖南省北斗时空信息安全工程技术研究中心获批；北斗开放实验室"北斗微小课题"人才培养计划成为湖南省校企合作典范，截至目前已发布九批超 200 个北斗微小课题，培养了一批北斗人才；矩阵电子自主研发的高性能导航信号模拟器，攻克了高精度多层次体系化数学仿真、多系

统多频段多体制动态信号实时生成等关键技术，处于国内领先水平；中森通信北斗三号综合基带芯片成功入选 2022 年湖南科技创新成果；北云科技基于自研芯片的高精度组合导航芯片模组已应用于国内多家汽车主机厂的多款智能驾驶乘用车型；天维湖南通过 ITSS 三级认证。

③工业互联网赋能产业。园区是承载中国电子推动智能制造"两平台一工程"战略的重要服务平台，集聚了工业软件、工业互联网、工业电子商务等领域的企业，是湖南省唯一一个以工业互联网为特色的省级新型工业化示范基地。中电互联、中科云谷连续两年入选 2021 年中国工业互联网平台 30 强。中电互联获得湖南省唯一的"互联网域名注册服务机构"许可证，"中电云网 BachOS 工业互联网平台"入选 2022 年国家跨行业跨领域工业互联网平台，二者联合共建了"5G+工业互联网"应用联合实验室，已连接工业设备 243 万台套；中科云谷发布混凝土搅拌站智慧商砼平台；长城金融、中电互联等共同建设的电子行业工业互联网标识解析二级节点标识注册已达 2.7 亿，日均解析量 140 万（相比去年同期翻倍），标识累计解析 6.6 亿。

④移动互联网驱动升级。抢抓省市移动互联网发展机遇，园区引进和集聚了数字创意、跨境电商、工程机械后市场等行业的一批平台企业，获批湖南省移动互联网产业示范基地。安克创新入围 2022 胡润中国元宇宙潜力企业榜单，位列 BrandZ TM 中国全球化品牌 50 强榜单第 12 名，与喜马拉雅联合开发了声阔 Soundcore 智能眼镜，推出了世界首个双摄像头 batery 门铃；万兴科技推动赋能创作者的庞大的"全球数字原料工厂"，旗下的视屏创作软件万兴鹿演上线"虚拟人"；智慧眼发布针对机器视觉场景的人工智能训练推理框架——星辰框架，其"玄武大数据中台"在雪亮工程、天网工程、智慧海关等项目中实现广泛应用；苏科智能"基于'5G+边缘计算'的公共交通一体化智能安检平台项目"和长城信息"基于物联网和大数据的乡村金融解决方案"入选湖南省"数字新基建"100 个标志性项目名单。

未来园区还将依托北斗产业研究院产教融合基地，鼓励园区企业与高校、科研院所共建北斗领域创新中心、开放实验室等，并开展人才联合培养、科研项目合作与技术协同创新等。园区将更努力地打造更优良的创新环境，更一流的产业生态，立足长沙，辐射全省，走向全国，助力"三高四新""强省会"战略实施，助推湖南高质量发展贡献园区力量。

八、成都西部地理信息科技产业园

成都西部地理信息科技产业园位于成都市金牛区天龙大道，是西部地区规模最大、技术水平领先的地理信息产业园，占地面积 24 万平方米，建筑面积 90 万平方米，由亿达中国为园区提供招商运营服务。成都西部地理信息科技产业园以"一中心、一基地、三平台"为基础，建设产业支撑系统、企业孵化系统、金融服务系统、综合服务系统及文化服务系统等综合产业服务体系，带动西部地区地理信息产业快速发展。园区是四川省根据国家测绘地理信息局"十三五"总体规划打造的重要产业发展基地，是"全国八个北斗产业特色园区"之一，也是"国家级地理信息产业示范园区""省级高科技产业示范园区"及"四川省重点建设项目"。

成都西部地理信息科技产业园是以大数据、云计算、物联网为代表的新一代信息技术产业。以航空航天、高端装备为代表的特色产业以及以新能源、生物医药等为代表的新兴产业已经形成产业集群，重点发展电子信息、生物医药、智能装备、汽车零部件、新材料等主导产业，成为推动高质量发展的创新能极。园区加快特色转型，融入了新一代信息技术发展的时代浪潮。面对高质量发展中遇到的困难挑战，成都西部地理信息科技产业园敢想敢闯敢试，园区自成立之日起便被赋予了开放包容的精神禀赋，始终保持开放的胸怀，在招商引资、经济运行、基础开发、园区合作、基层管理等方面园区始终秉承着全心全意为企业服务的理念，全力推进外资、外贸、外包齐头并进，对先进产业、先进技术、先进管理，园区始终突出开放的平台，为企业更好更快发展提供了有力支撑。

九、中国—东盟北斗示范城和北斗科技城

中国—东盟北斗示范城和北斗科技城坐落在湖北省黄石市，由武汉光谷北斗院士团队进行整体建设体系规划，并结合中国最先进的智慧城市管理理念，围绕城市管理、灾害预报和民生应用等课题在黄石开展"双城"建设，即中国—东盟北斗示范城和北斗科技城建设。

中国—东盟北斗示范城建设总投入为20亿元人民币，其中第一期工程投入为2亿元人民币。其建设内容主要包括以下两个方面：一是构建全城全覆盖的基于北斗的位置服务基础设施体系。武汉光谷北斗地球空间信息产业股份有限公司将按照国际技术标准，在黄石修建10个北斗地基增强站，并覆盖海量用户手持终端（手机、导航仪等）和室内定位网络（摄像头、wifi信号、路由器等），让黄石普通市民在黄石境内乃至湖北全境享受到实时高精度定位服务，在建设智慧城市中构筑北斗运用"样板间"。黄石市作为"中国—东盟北斗示范城"，将享受到"近水楼台先得月"的便利，对黄石社会经济发展起到积极作用。二是以具体行业应用项目为抓手，推进北斗应用示范城市建设，充分整合政府资源和优势，推进北斗在通信、交通、航运、金融、电力、急救、公共安全、物联网等关键领域的应用，提高传统产业效率和质量，带动产业转型，发展新兴产业，提升黄石市整体生活品质和城市活力。

中国—东盟北斗示范城项目建设将结合黄石智慧城市、平安城市、美好城市的规划建设理念，开展工商业位置服务示范应用工程，构建基于北斗的全城全覆盖的位置服务基础设施体系。同时，将围绕黄石城市管理、灾害预报和民生应用，进一步完善黄石城市综合治理体系，推进城市治理能力的信息化、智能化、人性化、精确化、系统化，发挥北斗卫星及行业应用系统对提升城市综合治理能力的科技支撑作用。

北斗科技城建设。湖北省是中国卫星导航产业及地球空间信息产业科技大省、人才大省、产业大省。大力发展北斗产业，践行"北斗产业化""北斗国际化"国家战略，是湖北加快发展战略性新兴产业、促进产业结构转型升级的重要内容。北斗科技城项目总投资100亿人民币，总用地规模约2 800亩，项目建设期预计为2014年6月至2020年6月。"北斗科技城"项目建设内容包括2个平台、3个中心、9个园区和1个智慧城市。2个平台是北斗应用和服务支撑平台、北斗东盟位置服务平台；3个中心是北斗卫星导航产品检测认证中心、北斗芯片及应用软件研发中心、北斗卫星导航应用产品展示中心；9个园区是北斗精细农业产业园区、北斗矿山卫星监测与管理园区、北斗智慧交通产业园区、北斗智慧医疗及急救管理服务园区、北斗智慧物流产业园区、北斗公共管理和服务园区、文化与科技融合园区、东南亚文化交流及风情园区和商品及餐饮服务园区；1个智慧城市是现代化智慧社区。"北斗科技城"旨在打造集北斗应用和服务产业体系、北斗产业孵化体系、科技体验和休闲观光体系、国际高端学术交流和技术外包服务体系等为一体的华中地区唯一的北斗科技城；旨在充分整合政府资源、民间产业资本、人才储备、产业链和配套链等资源和优势，推进北斗在通信、交通、矿业、航运、金融、电力、急救、公共安全、物流、物联网等关键领域和重点行业在东盟及国内的应用，提高传统产业效率和质量，带动产业转型，发展新兴产业，提升生活品质和城市活力。

十、中国—东盟空间信息技术创新示范基地

中国—东盟空间信息技术创新示范基地是依托广西北斗卫星导航定位协会，立足广西、面向东盟打造的空间信息技术产业集聚发展基地。基地位于南宁市青秀区金菊路 12 号广投·昕境 D 栋金龙大厦 17~23 楼，有现代化办公场地超过 10 000m²，由广西九维时空数字产业发展有限公司负责运营。交通便利，环境舒适，周边工作生活环境成熟，计划建设北斗产品检测中心、国家北斗数据中心广西分中心、高精度地基授时系统面向东盟区域的核心节点、广西北斗高精度位置服务平台、空间信息技术应用创新孵化器等公共设施，构建面向广西及东盟的时空数字产业应用服务体系，推动广西时空数字产业发展，助力广西数字经济做大做强。基地聚焦五大重点产业：一是空间信息技术。空间信息技术也称"3S"技术，由地理信息系统（GIS）、全球定位系统（GPS）和遥感测绘技术（RS）三大技术构成，产业构成以遥感遥测、地理信息，以及北斗技术的研发、生产和服务等为主导产业领域，是园区主导的产业方向，入园企业以华测为典型代表。二是区块链技术。区块链技术是利用块链式数据结构来验证与存储数据、利用分布式节点共识算法来生成和更新数据、利用密码学的方式保证数据传输和访问的安全、利用由自动化脚本代码组成的智能合约来编程和操作数据的一种全新的分布式基础架构与计算方式。区块链技术天然地要与北斗技术进行融合，大家熟知的时间戳即需要利用北斗的授时系统来实现，入园代表企业为国信云服。三是网络空间安全技术。《中华人民共和国网络安全法》自 2017 年 6 月 1 日起正式施行，是国家重视网络空间安全、促进经济社会信息化健康发展的具体体现，广西正在打造中国—东盟

信息港，安全的重要性不言而喻，园区将该技术方向作为主要发展方向也正是看到了网络安全的重要性，入园代表有北京大学信息安全实验室、国信云服。四是人工智能。人工智能（AI）是研究、开发用于模拟、延伸和扩展人的智能的理论、方法、技术及应用系统的一门新的技术科学，是未来产业的制高点，依托园区产业产生的海量数据加工场景，人工智能技术必然会介入，因此提前布局将为园区未来发展积蓄能量。五是大数据。以数据仓库、数据安全、数据分析、数据挖掘等为技术手段，围绕大数据进行商业价值的利用则是大数据产业的典型模式，鉴于园区以空间信息技术作为发展主方向，围绕3S技术必然将产生海量的行业应用数据，是园区的伴生产业，入园代表为北京大数据研究院。

基地专注于"北斗+空间信息"的创新运营，按照"市场化运作、专业化服务"的原则，形成"基地、基金、联盟、双创"新模式，并建立了一套能为时空数字产业应用的行业骨干企业规模化、产业化发展和创新型中小企业快速成长提供支持保障的公共服务体系，涵盖了联合实验室、科技攻关、科技成果转化、产品检测检定、市场应用推广、投融资服务、产权交易、行业动态信息服务、知识产权保护、人才服务、法律会计服务等综合服务。目前，基地已引进北斗产品检测中心、北斗空间云数据中心、高精度地基授时系统，主要面向东盟区域的核心节点、广西北斗高精度位置服务平台等专业技术服务平台，为广大入驻企业及团队提供北斗前沿技术支持和高端前沿的展示空间。

第十三章 建设西部北斗导航产业生态体系的制度政策

建设西部北斗导航产业生产体系，要坚持制度创新、机制创新、发展创新，完善政策法规，优化组织管理，以改革创新驱动科技创新，充分发挥有效市场和有为政府作用，厚植人才优势，优化产业生态体系发展环境。

一、建立统筹协调机制

根据西部地区北斗导航产业生态体系发展需求，科学统筹、优化机制，充分发挥国家制度优势，集中力量办大事，把政府、市场、社会等各方面力量汇聚起来，形成北斗事业发展强大合力。

建立北斗产业化发展统筹协调机制，明确省市相关部门单位的职责和任务，在重大工程、技术攻关、基础设施建设等方面强化战略统筹。整合政府、高校科研院所与企事业单位等资源，充分发挥产业联盟、行业协会等专业机构的引导、协调、服务作用，凝聚各方力量形成合力，实现北斗产业健康有序、集聚发展。

二、承接国家重大项目

发挥西部地区在北斗芯片、高精度定位服务等方面的科研、人才和技术优势，积极申报、承接、实施国家支持北斗产业发展的重大基础设施建设、重大科技研发等项目，加强部门与部门之间、部门与企业之间的联动配合，采取优先推荐、重点支持等方式，为企业牵线搭桥。相关省直部门要积极争取并承接国家级北斗重大项目落户西部。

三、以制度创新驱动科技创新

深入实施创新驱动发展战略，坚持科技创新与制度创新"双轮驱动"，建立健全卫星导航科技创新动力机制，加快推进科技创新。建立原始集成协同创新机制，秉承自主创新、开放交流的发展原则，打造卫星导航科技原始创新发源地，超前部署战略性、基础性、前瞻性科学技术研究，构建先进的技术攻关体系和产品研发体系。要适应北斗与新一代信息技术深度融合发展要求，分阶段组织、增量式发展、多功能集成，建立跨学科、跨专业、跨领域协同创新机制，汇聚创新资源和要素，激发创新发展的聚变效应。完善竞争择优的激励机制，以公开透明、公平竞争、互学互鉴为原则，创建多家参与、产品比测、综合评估、动态择优的竞争机制，既保持竞争压力，又充分调动各方积极性，实现高质量、高效益、低成本、可持续的发展。完善科研生产组织体系，强化数字工程等新技术引领，构建智能化试验验证评估体系。

四、集聚优秀人才

依托西部地区高校、院所优势，培养技能型、应用型、创新型北斗产业人才。发挥重大科技计划和人才工程引导作用，支持科研院所等重点北斗科研主体，培养造就更多国际一流的战略科技人才、科技领军人才和创新团队，培养具有国际竞争力的青年科技人才后备军。健全以创新能力、质量、实效、贡献为导向的人才评价体系，构建以知识、技术、技能、管理等创新要素参与收益分配的人才激励机制，完善高校院所、研发机构、企业科研人员"双跨"机制，充分激发人才活力。

鼓励北斗领域企业与省内外知名高校、科研院所加强战略合作，加大北斗产业领域高层次人才引进力度，对符合条件的战略性科技人才、产业领军人才、优秀青年人才等，落实人才资金奖励、安家补贴、税收减免、子女入学等政策，鼓励北斗人才在西部地区创新创业。

定期举办科技创新投资沙龙，加强技术、人才的交流，推动资本与科创企业高效精准对接，形成创新合力。面向定位导航授时前沿技术和产业发展需求，深化定位导航授时基础理论和应用研究，加强定位导航授时学术交流，多措并举提升科技创新能力和水平。持续推动科普教育基地建设，注重打造体验式科普场景，开展科普活动，出版科普读物，丰富科普内容，促进定位导航授时知识大众化、普及化，激发全民探索科学、探索时空的热情。

五、优化发展环境

坚持市场化、法治化、国际化原则，规范卫星导航市场秩序，持续净化市场环境，保护市场主体权益，优化政府服务，营造稳定、公平、透明、可预期的营商环境，激发市场活力和发展动力。

制定在涉及国家安全和国民经济的重要领域中推行使用北斗卫星导航系统政策，推动北斗卫星导航系统及其兼容产品在能源（电力）、通信、金融等领域的应用。研究制定有关市场准入、位置安全等方面的管理制度，建立健全卫星导航产品质量检测认证体系及质量监管机制，整合现有资源，推动卫星导航产品质量检测中心建设，规范卫星导航应用服务和运营，提高骨干企业和创新型企业的参与积极性。加大知识产权保护力度，支持有条件的企业申请国外专利。

建立健全服务体系、创新服务模式、提升服务水平，强化企业全生命周期的服务供给，大力提升产业综合服务能力。加快推动"一网通办"，深化"互联网+政务服务"模式，提升政务服务数字化水平，打造一流的政务服务环境。建立面向社会的城市机会清单常态化发布机制，提供公共资源、要素资源对接渠道，打通市场运作关键脉络。围绕重大政策、创新成果、主流产品等，总结经验、提炼亮点，定期组织新闻发布、产品发布、成果发布等活动，营造良好舆论氛围。

六、加强标准建设

鼓励企事业单位和机构牵头或者参与北斗技术标准的起草和制定，提高北斗系统的通用性和资源共享水平，不断提升产业影响力。对北斗产业制定国际标准且取得显著成效的，按照现有政策给予支持。加快建立并完善支撑卫星导航产业健康发展的标准体系，鼓励产学研用各方联合研制技术标准，推动卫星导航军民标准通用化和资源共享，促进卫星导航与物联网、移动通信等的融合发展。鼓励骨干企业和研发机构参与国际相关标准的制定，促进北斗与其他卫星导航系统的兼容发展。加大标准宣传力度，完善标准信息服务、认证、检测体系，做好标准实施的监督工作，推动合格评定与产品认证服务的发展及国际合作，促进北斗卫星导航系统全球化应用。

七、创新投融资模式

加大财政、税收及金融等政策对北斗产业的支持力度，完善多元化投资与运营机制，不断创新金融服务模式，激发社会资本投资活力，拓宽企业融资渠道，通过发挥财税政策作用，支持北斗关键技术研发和核心企业培育。设立创业投资基金，引导创投机构投资初创期的中小微北斗企业。支持北斗芯片研发制造及产业链延伸，引导社会资本支持芯片研发和智能制造骨干企业发展。

引导金融机构加大对带动力强、惠及面广的北斗产业项目的信贷支持，开展知识产权质押融资等创新金融产品应用，推动产业投资机构和担保机构加大对北斗相关企业的融资担保和支持力度。积极拓宽融资渠道，鼓励民营资本和各类风险投资支持北斗产业发展，采取政府和社会资本合作（PPP）模式，撬动更多社会资本投入到北斗产业发展中。大力发展债权、股权、资产投资支持计划等融资工具，采用企业债券、项目收益债券、公司债券等方式，推动发行短期融资券、中期票据、区域集优债券等银行间市场直接债务融资工具，引导社会资金、金融资本、风险投资及民间资本投向北斗产业。服务北斗中小企业成长，采取政府推荐需求企业，银行优先审批及安排额度、适当给予利率优惠、综合授信审批，企业抵押承诺、过渡期责任约定等模式，打造一条北斗企业贷款的"绿色通道"，加大对其的信贷支持力度。创新北斗产业金融服务，提升服务质量和水平。培育北斗核心企业上市，建立具有良好发展前景的北斗核心企业进入上市公司储备库。实施北斗中小微企业新三板挂牌培育计划。扶持具有持续盈利能力、主营业务突出、规范运作、技术含量高、成长性好的北斗企业上市。对在上海证券交易所、深圳证券交易所和海外成功上市的企业，按有关政策规定给予奖励。

八、筑牢安全基础

严格执行《中华人民共和国国家安全法》《中华人民共和国测绘法》等法律法规对北斗信息安全管理的要求，在确保国家重要信息安全的前提下，开展北斗技术研发与应用，落实"双随机—公开"行业监管，确保终端使用、平台运行、运营服务、数据存储等环节的信息安全。利用北斗授时加密技术，提升能源、金融、通信等领域的安全防护能力，保障国家重要时空信息安全。

严格执行卫星互联网与卫星应用领域法律法规和安全管理要求，构建安全保障体系，加强个人终端使用、平台运行、运营服务、数据收集处理及使用等环节的信息安全管理。推动车联网、工业互联网等重点领域、重点行业"先行先试""能用尽用"，优先采用具有自主知识产权的卫星数据、产品和服务，促进在关键核心领域实现国产化替代和标配化应用，提升行业应用的安全防护能力。积极推动卫星项目核准和卫星无线电频率、轨道资源的申报、维护工作，提升卫星网络监测、排查能力。

九、拓展国际国内市场

围绕共建"一带一路"倡议，积极支持西部地区北斗企业开拓国内外市场，建立国内外北斗企业合作交流机制，促进技术合作与应用推广，提高产业能力和量级。大力促进西部地区北斗企业"走出去"，支持西部地区科研机构、高等院校和各类企业参与全球及区域性北斗卫星导航投资合作计划，推动拥有自主知识产权的高新技术装备、软硬件产品以及技术服务进入国际市场。积极推进北斗产业海外布局，引导、支持有条件的西部地区北斗企业在境外建设北斗导航应用产业园区，扩大西部地区北斗产业国际影响力。

参考文献

[1] 中国卫星导航定位协会. 中国卫星导航与位置服务产业发展白皮书 [Z]. 中国卫星导航定位协会研究院编制，2021.

[2] 中国卫星导航定位协会. 中国卫星导航与位置服务产业发展白皮书 [Z]. 中国卫星导航定位协会研究院编制，2022.

[3] 中国卫星导航定位协会. 中国卫星导航与位置服务产业发展白皮书 [Z]. 中国卫星导航定位协会研究院编制，2023.

[4] 袁树友. 下安物望北斗应用 100 例 [M]. 北京：解放军出版社，2017.

[5] 上海科学院，上海产业技术研究院. 北斗导航定位精准时空 [M]. 上海：上海科学普及出版社，2018.

[6] 吴才聪，苑严伟，韩云霞. 北斗在农业生产过程中的应用 [M]. 北京：电子工业出版社，2016.

[7] 刘建等. 北斗卫星导航系统在交通运输行业的应用与发展 [M]. 北京：人民交通出版社，2017.

[8] 郭宇宽. 北斗梦：北斗星通十五年 [M]. 北京：人民出版社，2022.

[9] 龚盛辉. 中国北斗 [M]. 济南：山东文艺出版社，2022.

[10] 卢鋆，张爽娜，张弓，等. 北斗在天 用在身边 [M]. 北京：人民出版社，2023.

[11] 芈惟于，李亚晶，熊之远. 北斗问苍穹：优秀的北斗三号 [M]. 北京：电子工业出版社，2023.

[12] 芈惟于，李亚晶，熊之远. 北斗问苍穹：卫星导航和基础设施 [M]. 北京：电子工业出版社，2023.

[13] 芈惟于，李亚晶，熊之远. 北斗问苍穹：卫星导航和大众生活 [M]. 北京：电子工业出版社，2023.

[14] 赵耀升，宋立丰，毛基业，等. "北斗" 闪耀：初探中国卫星导航产业发展之道 [J]. 管理世界，2021（12）：217-236.

附录　我国发展北斗导航产业相关制度、法规和政策

一、2000 年 12 月《中国的航天》白皮书（2000 年版）

（一）发展现状：空间应用

卫星导航定位。中国从 20 世纪 80 年代初期开始利用国外导航卫星，开展卫星导航定位应用技术开发工作，并在大地测量、船舶导航、飞机导航、地震监测、地质防灾监测、森林防火灭火和城市交通管理等许多行业得到了广泛应用。中国在 1992 年加入了国际低轨道搜索和营救卫星组织（COSPAS-SARSAT），以后还建立了中国任务控制中心，大大提高了船舶、飞机和车辆遇险报警服务能力。

（二）未来发展：近期目标

建立自主的卫星导航定位系统。分步建立导航定位卫星系列，开发卫星导航定位应用系统，初步建成中国的卫星导航定位应用产业。

二、2011 年 11 月《2011 年中国的航天》白皮书

（一）2006 年以来的主要进展：导航定位卫星

2007 年 2 月，成功发射第四颗"北斗"导航试验卫星，进一步提升了"北斗"卫星导航试验系统性能。全面实施"北斗"卫星导航区域系统建设。该系统由 5 颗地球静止轨道卫星、5 颗倾斜地球同步轨道卫星和 4 颗

中圆地球轨道卫星组成，2007 年 4 月以来已成功发射 10 颗卫星，具备了向服务区（亚太地区）用户提供试运行服务的条件。

（二）空间应用：导航定位卫星应用

导航定位卫星应用步入产业化发展轨道，正在进入高速发展时期。利用国内外导航定位卫星，在导航定位卫星应用技术的开发和推广等方面取得重要进展，应用范围和领域不断扩大，全国卫星导航应用市场规模快速增长。积极推进"北斗"卫星导航系统的应用工作，"北斗"卫星导航系统已在交通运输、海洋渔业、水文监测、通信授时、电力调度和减灾救灾等领域得到应用。

（三）未来五年的主要任务：导航定位卫星

按照从试验系统，到区域系统，再到全球系统的"三步走"发展思路，继续构建中国"北斗"卫星导航系统。2012 年前，建成"北斗"卫星导航区域系统，具备提供覆盖亚太地区的导航定位、授时和短报文通信服务的能力；2020 年左右，建成由 5 颗地球静止轨道卫星和 30 颗非地球静止轨道卫星组成的覆盖全球的"北斗"卫星导航系统。

三、2012 年 7 月《"十二五"国家战略性新兴产业发展规划》

（一）重点发展方向和主要任务：高端装备制造产业

卫星及应用产业。紧密围绕经济社会发展的重大需求，与国家科技重大专项相结合，以建立我国自主、安全可靠、长期连续稳定运行的空间基础设施及其信息应用服务体系为核心，加强航天运输系统、应用卫星系统、地面与应用天地一体化系统建设，推进临近空间资源开发，促进卫星在气象、海洋、国土、测绘、农业、林业、水利、交通、城乡建设、环境减灾、广播电视、导航定位等方面的应用，建立健全卫星制造、发射服务、地面设备制造、运营服务产业链。推进极地空间资源开发。

（二）卫星及应用产业发展路线图

1. 发展目标

2015 年，初步建成由对地观测、通信广播、导航定位等卫星系统和地面系统构成的空间基础设施，建立健全应用服务体系，形成卫星制造、发射服务、地面设备制造及卫星运营服务的完整产业链。促进民用航天全面实现向业务化的转变；2020 年，建成由全天时全天候全球对地观测、全球导航定位、多频段通信广播等卫星系统构成的国家空间基础设施，建成完善的空间信息服务平台以及应用服务网络，航天产业发展水平处于国际先进行列。

2. 重大行动

关键技术开发：突破卫星长寿命高可靠、先进卫星平台、新型卫星有效载荷、卫星遥感定量化应用、高精度卫星导航、宽带卫星通信、重型运载火箭、空间信息综合应用等关键技术，发展综合业务卫星系统；促进平流层飞艇、空间天气预报等关键技术攻关。

重大工程：结合高分辨率对地观测系统、北斗导航等科技重大专项，实施国家空间基础设施建设重大创新发展工程，构建天基卫星系统、地面标校系统和增强系统、数据接收和信息处理系统、运营服务系统在内的一体化运行设施。

产业化与推广应用：完善运载火箭系列型谱，提高国产地面设备市场竞争力，发展北斗兼容型导航终端以及数字化综合应用终端等产品；大力推进卫星遥感、通信广播、导航定位等空间信息资源产业化应用，提高国产卫星的应用范围与效益。促进航天技术在信息、新材料、新能源、节能环保和生物等领域的应用。

3. 重大政策

制定卫星及应用国家标准、卫星数据共享、市场准入等政策法规。制定开展卫星直播业务的产业扶持政策。

制定鼓励民营资本进入卫星及应用领域的政策。

（三）重大工程：空间基础设施工程

建设时空协调、全天候、全天时的对地观测卫星系统和天地一体的地面配套设施，发展空间环境监测卫星系统；完善我国全球导航定位系统；启动由大容量宽带多媒体卫星、全球移动通信卫星、数据中继卫星等系统组成的空间信息高速公路建设；建设相关地面配套设施。开展先进卫星平台、新型卫星有效载荷、核心部组件、卫星遥感定量化应用等关键技术研发，推进重点行业和领域的卫星系统应用示范，进一步提升卫星对地观测、卫星通信和卫星导航定位应用产业化水平。到 2015 年，形成长期连续稳定运行、系统功能优化的国家空间基础设施骨干架构，大幅提升我国卫星提供经济社会发展需求空间信息的能力。

四、2012 年 7 月《导航与位置服务科技发展"十二五"专项规划》

（一）发展目标

1. 总体目标

面向培育导航与位置服务产业和构建国家定位导航授时体系的重大需求，与北斗卫星导航系统建设协同攻关，加强创新能力和技术支撑体系建设；研发自主的核心系统，突破制约产业发展的核心关键技术；加快科技成果转化，拓宽导航与位置服务应用领域；促进北斗导航系统应用与产业化，完善自主的导航与位置服务产业链；形成自主可控的导航与位置服务能力，全面提升我国导航与位置服务产业核心竞争力。

2. 具体目标

（1）突破三大核心技术：泛在精确定位，全息导航地图，智能位置服务；

（2）开展三类应用示范：研制导航与位置服务应用系统，开展公众、行业及区域应用示范，为政府、企业、公众用户随时提供所需内容丰富的位置信息服务；

（3）构建一个体系框架：面向未来导航与位置服务需求，构建国家定位导航授时体系框架，开展技术实验和验证；

（4）建立三个创新平台：实施导航与位置服务科技创新工程，建立人才创新平台、技术创新平台、产业创新平台，提升自主创新能力。

（二）重点任务

1. 基础理论与共性支撑技术研究

重点研究组合导航技术、天地一体的定位导航与授时融合理论体系、新型导航定位原理与方法、高稳定度星载原子钟、全球空间大地测量基准动态维持及服务、国家定位导航授时（PNT）体系研究及验证等。

2. 关键技术突破

重点解决制约我国导航与位置服务产业发展所需的瓶颈技术问题，突破以北斗为核心的多系统兼容互用、室内外协同实时精密定位（Cooperative Real-time Precise Positioning，CRP）、全息导航地图获取融合与更新、位置信息挖掘与智能服务、高性能组合导航、位置服务系统及终端性能的测试监测与评估等关键技术。

3. 系统平台研发

集成泛在精确定位、全息导航地图、智能位置服务等成果，研制导航与位置服务系统，构建导航与位置服务网。研究导航与位置服务终端入网标准、空间信息基础数据和专题数据的迭加协议、位置服务的信息安全等关键问题，建立导航与位置服务网络和运营管理示范系统与平台，逐步形成我国导航与位置服务的综合体系，促进导航与位置服务战略性新兴产业的形成。

4. 典型应用示范

重点开展在我国交通、国土、农业、林业等行业位置服务应用示范，公众出行、社会网络、旅游娱乐等公众位置服务应用示范，智能搜救、灾害救援等区域位置服务应用示范。

5. 人才和技术创新体系建设

培养和造就一批具有国际水平的位置服务与卫星导航领域专业人才队伍，形成多个技术水平高、科研能力强、产业贡献大、国内领先、国际一流的科研机构和科研团队，引导社会资源尤其是民营资本参与，建立若干产业化基地，开展国际导航科技合作和以北斗为主的导航技术培训活动，强化北斗系统在区域和全球的应用广度和深度，提升我国在导航与位置服务领域的国际影响力和话语权。

五、2013 年 10 月《国家卫星导航产业中长期发展规划》

（一）发展目标

到 2020 年，我国卫星导航产业创新发展格局基本形成，产业应用规模和国际化水平大幅提升，产业规模超过 4000 亿元，北斗卫星导航系统及其兼容产品在国民经济重要行业和关键领域得到广泛应用，在大众消费市场逐步推广普及，对国内卫星导航应用市场的贡献率达到 60%，重要应用领域达到 80% 以上，在全球市场具有较强的国际竞争力。

——产业体系优化升级。国家卫星导航产业基础设施建设进一步完善，形成竞争力较强的导航与位置、时间服务产业链，形成一批卫星导航产业聚集区，培育一批行业骨干企业和创新型中小企业，建设一批覆盖面广、支撑力强的公共服务平台，初步形成门类齐全、布局合理、结构优化的产业体系。

——创新能力明显增强。研究与开发经费投入逐步提升，在统筹考虑科研布局的基础上，充分整合利用现有科技资源，推动卫星导航应用技术重点实验室、工程（技术）研究中心、企业技术中心等创新平台建设，增强持续创新能力。突破芯片、嵌入式软件等领域的一批关键核心技术，形成一批具有知识产权的专利和技术标准，支撑行业技术进步和应用模式创新。

——应用规模和水平明显提升。卫星导航技术在经济和社会各领域广泛应用，基本满足经济社会发展需求。在能源（电力）、金融、通信等重要领域，全面应用北斗等卫星导航系统；在重点行业和个人消费市场以及社会公共服务领域，实现北斗等卫星导航系统规模化应用。

——基本具备开放兼容的全球服务能力。北斗卫星导航系统服务性能进一步提升，实现与其他卫星导航系统的兼容与互操作，北斗应用的国际竞争力显著提升，应用范围更

（二）重点发展方向和主要任务

以市场需求为牵引，围绕产业发展的重点领域和薄弱环节，夯实产业发展基础，着力关键技术研发和市场培育，提升产业发展整体水平和国际

竞争力。

1. 完善导航基础设施

围绕国家战略需要和重点领域应用需求，以提升卫星导航服务性能为目标，加快建设统一、协调、完整、开放的卫星导航基础设施体系。重点建设多模连续运行参考站网等重大地面基础设施，促进数据共享，提高资源使用效率，创新服务模式，夯实产业发展基础，提升产业持续发展能力。

2. 突破核心关键技术

进一步提升卫星导航芯片、北斗卫星导航系统与其他卫星导航系统兼容应用等技术水平，突破卫星导航与移动通信、互联网、遥感等领域的融合应用技术，推动核心基础产品升级，促进高性价比的导航、授时、精密测量、测姿定向等通用产品规模化生产。支持骨干企业和科研院所创新能力建设，加强工程实验平台和成果转化平台能力建设，形成产学研用相结合的技术创新体系。

3. 推行应用时频保障

将北斗时间溯源到国家时间频率计量基准，为国家安全和国民经济重要领域提供时频保障，出台国家标准和相关政策措施，加强资金支持力度，结合涉及国家安全重点领域基础设施的升级换代，着力推进北斗卫星导航系统及其兼容导航授时技术与产品在能源（电力）、通信、金融、公安等重要领域的深入应用，并在其他国民经济安全领域逐步推进，为国民经济稳定安全运行提供重要保障。

4. 促进行业创新应用

适应重点行业及领域的应用需求，充分发挥北斗卫星导航系统短报文通信等特色优势，结合新一代信息技术发展，创新应用服务模式，加强卫星导航与国民经济社会发展重要行业的深度融合，大力推进卫星导航产品和服务在公共安全、交通运输、防灾减灾、农林水利、气象、国土资源、环境保护、公安警务、测绘勘探、应急救援等重要行业及领域的规模化应用，推进卫星导航与物联网、移动互联、三网融合等广泛融合与联动，积极鼓励开拓新的应用领域。推动形成行业综合应用解决方案，提升行业运行效率，促进相关产业转型升级。

5. 扩大大众应用规模

适应车辆、个人应用领域的卫星导航大众市场需求，以位置服务为主线，创新商业和服务模式，构建位置信息综合服务体系。重点推动卫星导航功能成为车载导航和智能手机终端的标准配置，促进其在社会服务、旅游出行、弱势群体关爱、智慧城市等方面的多元化应用，推动大众应用规模化发展。

6. 推进海外市场开拓

加强国际合作战略研究，积极参与卫星导航领域多种形式的国际合作，联合开展国际标准研究制定，加快北斗卫星导航系统及其应用产业国际化进程；加大智力和技术合作力度，提高北斗卫星导航系统服务能力和产业应用水平；积极实施"走出去"战略，加大北斗卫星导航系统境外应用推广力度，鼓励有条件的企业在境外建立研发中心和营销服务网络，大力开拓国际市场，同时鼓励国外企业开发利用北斗卫星导航系统；构建完善产业国际化发展支撑体系，提升全球化发展服务保障能力。

（三）重大工程

围绕产业发展的总体目标和主要任务，组织实施一批重大工程，以加快培育和发展卫星导航产业，带动产业基础能力提升、重点领域技术创新、规模化应用推广和国际化发展。

1. 基础工程——增强卫星导航性能

统筹制定国家多模连续运行参考站网建设规划，统一标准，整合国内连续运行参考站网资源，通过优选、改造、升级和补充，形成统一管理的参考站网，增强导航性能，提升系统精度；综合集成地图与地理信息、遥感数据信息、交通信息、气象信息、环境信息等基础信息，建立全国性的位置数据综合服务系统；加快建设辅助定位系统，推进室内外无缝定位技术在重点区域和特定场所的应用。通过该工程实施，形成完整的卫星导航综合应用基础支撑体系，具有实时分米级和事后厘米级应用服务能力，有效增强卫星导航系统性能和服务能力，为扩大应用规模奠定良好基础。通过五年左右的时间，实现资源基本整合，初步构建应用基础支撑体系。

2. 创新工程——提升核心技术能力

针对导航产业"有机无芯"的瓶颈制约，着力加强北斗芯片和终端产品的研发和应用，加快提升产品成熟度和核心竞争力；适应应用需求，重点突破融合芯片、组合导航、应用集成、室内外无缝定位等一批基础前沿和共性关键技术，开发一批高性能低成本的导航器件与产品，大力提升创新能力；整合现有科技资源，推动卫星导航应用技术重点实验室、工程（技术）研究中心、企业技术中心等建设和发展，构建我国卫星导航产业技术创新体系。

3. 安全工程——推进重要领域应用

推进标准法规建设，提升卫星导航应用技术水平和产品质量。在能源（电力）、通信、金融、公安等系统，分阶段推行北斗卫星导航系统及其兼容产品的应用；加强政策引导，推动在公共安全、交通运输、防灾减灾、农林水利、气象、国土资源、环境保护、公安警务、测绘勘探、应急救援等领域的规模化应用，促进相关产业转型升级。

4. 大众工程——推动产业规模发展

面向大众市场需求，融合交通、气象、地理等动态时空信息，结合新一代信息技术发展，以汽车制造业和移动通信业快速发展为契机，以公众出行信息服务需求为引导，重点推动北斗兼容卫星导航功能成为车载导航、智能手机的标准配置，促进在社会服务、旅游出行、弱势群体关爱、智慧城市等方面的多元化应用。创新商业和服务模式，推动北斗卫星导航系统产品的产业化，形成终端产品规模应用效益。

5. 国际化工程——开拓全球应用市场

适应国际用户广泛关注的应急救援、综合减灾、船舶/车辆监控与指挥调度等应用需求，加大北斗卫星导航系统应用推广力度，建设若干海外应用示范工程，开拓国际市场。积极推进北斗卫星导航系统进入国际民航组织和国际海事组织，促进其在民用航空和远洋船舶等方面的应用。构建覆盖亚太地区的卫星导航增强系统和统一时空基准系统，建设卫星导航产业国际化发展的基础工程和综合服务工程，开展国际卫星导航应用的政策、市场、法律、金融等领域的研究和咨询服务，提升国际化综合服务能力。

六、2013 年 10 月《促进信息消费——加快推进北斗卫星导航产业规模化发展》

（一）加快推进北斗卫星导航产业发展的总体思路

国家发展改革委、科技部、工信部、国防科工局、总参谋部、总装备部共同研究起草了《国家卫星导航产业中长期发展规划》（以下简称《规划》），已经国务院批准发布实施。《规划》阐述了我国发展卫星导航产业的指导思想和发展目标，明确了重点任务和保障措施。《规划》提出，到 2020 年北斗导航及其兼容产品在国民经济重要行业和关键领域得到广泛应用，对国内卫星导航应用市场的贡献率达到 60%，重要应用领域达到 80% 以上。

《国务院关于促进信息消费 扩大内需的若干意见》要求加快推动北斗导航产业核心技术研发和产业化，推进规模化应用，积极培育信息消费需求。

落实国务院部署，推动我国北斗卫星导航产业发展的关键是营造良好的创新环境和市场环境，加快推进高水平、有特色、有市场的产品研发与推广应用，推动卫星导航产业自主化、规模化发展。要把握实施中国第二代卫星导航系统重大专项和全球卫星导航产业正在快速形成的战略机遇，以未来经济社会工业化、信息化、城镇化、农业现代化发展的重大需求为导向，以企业为主体，以掌握核心关键技术、培育服务新业态、扩大市场应用、提升国际竞争力为核心，着力加强重大基础设施建设、标准体系建设，夯实产业发展基础；着力完善应用服务政策，营造良好的市场环境；着力推动技术创新、商业模式与产业组织创新，推动市场化、规模化应用，促进我国北斗卫星导航产业快速健康发展，为经济社会可持续发展提供支撑。

（二）加快推进北斗卫星导航产业发展的具体措施

2012 年以来，国家发展改革委、财政部会同有关方面组织实施了卫星及应用产业发展专项，在卫星导航领域，重点支持新一代北斗兼容型导航终端及其核心组件开发应用，以及基于智能位置服务、室内外融合定位、高精度位移测量相关产品研发与应用，对于推动北斗卫星导航系统的规模化应用，促进我国北斗卫星导航产业快速发展发挥了重要作用。后续，需要进一步加大支持力度，创新支持方式，加快落实《规划》提出的重大工程，积极推进我国北斗卫星导航产业自主创新发展。

一是加快北斗导航定位服务民用基础设施建设。为从根本上提升我国卫星导航的应用水平，要统筹建设国家统一的地面增强系统，综合集成地图与地理信息、遥感数据信息、交通信息、气象信息、环境信息等基础信息，建立全国性的位置数据综合服务系统，加快建设辅助定位系统，推进室内外无缝定位技术的应用，从而形成完整的卫星导航综合应用基础支撑体系，有效增强卫星导航系统性能和服务能力，夯实产业发展基础。

二是推进北斗系统在涉及国民经济安全重要领域的应用。为推进北斗卫星导航系统在涉及国家经济和社会安全的重要领域普遍应用，逐步解决我国时频系统长期依赖国外系统的安全隐患，要完善和制定标准政策法规，加快推动北斗时频系统在电力、电信、金融等重要领域的强化应用。同时，加强政府引导，加大应用创新力度，开发行业综合应用解决方案，推动在公共安全、交通运输、防灾减灾、农林水利、气象、国土资源、环境保护、公安警务、测绘勘探、应急救援等领域的规模化应用，促进相关产业转型升级。

三是推动北斗系统在大众领域的规模化应用。以个人手持和车用终端为代表的大众市场是卫星导航潜在应用规模最大的市场，也是卫星导航系统和产业健康可持续发展的支撑性领域。我国当前位置服务种类和水平尚不能满足市场需求，缺乏竞争力。因此，需要借鉴国际发展经验，大力培育龙头企业，鼓励多元投入，创新商业模式，积极推动卫星导航成为车辆和移动电话等个人终端的标准配置，促进在此基础上的多元化应用，从而提升产业规模、服务社会大众。

七、2014 年 4 月《国家测绘地理信息局关于北斗卫星导航系统推广应用的若干意见》

（一）着力加快"北斗"地面基础设施建设

1. 加强"北斗"地基增强系统建设。加快推进现有国家卫星导航连续运行基准站网络改造，实现对"北斗"的兼容。统筹指导各地开展"北斗"地基增强系统建设，统一部署，分步实施，全面推进"北斗"地基增强系统建设。加快推进现代测绘基准的广泛使用，为用户提供更高精度的"北斗"导航与定位服务。

2. 全面提升位置数据综合服务平台建设水平。充分利用"天地图"等优势资源，加快现代大地基准建设，推进位置服务体系建设。综合地图与地理信息、遥感数据信息、交通信息、气象信息、环境信息等信息资源，采用云计算等技术，为各类用户提供综合性的位置数据综合服务。

（二）着力加强"北斗"应用科技创新

1. 加强"北斗"应用创新能力建设。整合现有行业科技资源，推动面向行业应用的工程（技术）研究中心、企业研发中心等创新平台建设，支持科研院所和高等院校建立产、学、研、用相结合的"北斗"应用技术创新体系，开展多领域、跨学科科技攻关和技术研发，积极支持基于位置的大数据及物联网科技创新和应用服务，增强关键技术和共性技术持续攻关能力。

2. 突破"北斗"应用关键技术。开展基于"北斗"的实时动态高精度定位技术研究，研制多功能的精密单点定位软件系统，研究基于"北斗"的单基准站差分、多基准站局部区域差分和广域差分技术，提高定位结果的可靠性与精度。加强星载北斗接收机及星载多模接收机的研制，促进"北斗"在卫星测绘领域的应用。开展"北斗"相兼容多系统联合应用技术及"北斗"在各行业应用的独立支撑技术研究。加快推进高精度高动态时空基准信息应用服务、室内外无缝衔接定位服务和智能位置服务等应用技术创新，拓展"北斗"应用的深度和广度。

3. 加强"北斗"应用标准体系建设。将"北斗"应用标准体系建设纳入测绘地理信息标准化建设规划，研究建立"北斗"应用标准体系框架。以测绘地理信息基准建设、数据采集与加工处理、导航定位与位置服务、应急保障服务等方面为重点，着力推进行业应用急需、共性和基础性标准的制修订，促进"北斗"在测绘地理信息领域的推广应用。促进"北斗"应用标准的通用化和国际化。加强"北斗"应用标准体系的宣贯工作。

（三）着力支持"北斗"相关企业发展

1. 充分发挥行业协会作用。中国卫星导航定位协会要发挥好引导、协调、服务作用，积极推动"北斗"社会化应用、科技创新、教育培训和行业自律，要定期发布"北斗"白皮书，引导社会应用"北斗"，促进"北斗"产业发展。

2. 引导企业集聚发展。国家和地方的地理信息科技产业园要通过税收、金融、股权激励、高新技术企业认定等方面的优惠政策，吸引更多"北斗"相关企业入驻，充分发挥地理信息产业园的集聚作用。

3. 大力支持企业"走出去"。鼓励有条件的企事业单位在境外合作建立"北斗"卫星导航研发中心和营销服务网络，大力开拓国际市场。利用与联合国合作的"中国及其他发展中国家地理信息管理能力开发"项目平台，开展卫星导航领域的国际合作，鼓励国外企业开发利用北斗系统。

4. 支持企业申报"北斗"产业化示范项目。组织有条件的卫星导航企业，积极申报发展改革委和财政部支持的国家卫星及应用产业发展项目。与相关部门合作，共同设立"北斗"测绘地理信息应用示范项目。

（四）着力推动"北斗"行业应用

1. 加强"北斗"在测绘地理信息行业的应用。在重大工程、重点计划、重要领域积极研究推进使用"北斗"。在工程测绘、不动产测绘、环境监测等工程中，积极研究推进使用"北斗"。要将实时动态空间基准——"国家现代测绘基准体系基础设施"作为重大工程，加快利用"北斗"升级改造并推广应用。

2. 促进"北斗"在其他重点行业的应用。通过提供技术支持、共同开发应用系统等多种方式，与公共安全、交通运输、防灾减灾、农林水利、气象、国土资源、环境保护、公安警务等部门积极合作，大力推进"北斗"产品和服务在这些行业及领域的规模化应用。

（五）着力优化"北斗"应用市场环境

1. 加强位置服务的安全监管。在《测绘管理工作国家秘密范围的规定》等保密政策修订过程中，加强导航与位置服务相关数据保密范畴的研究，科学确定基于"北斗"的测绘地理信息成果安全保密的内容。协调、联合有关部门，制定"北斗"导航与位置服务的数据安全管理制度，加强对导航与位置服务平台及用户位置上报行为的监管，在发挥"北斗"定位精度优势的同时保障国家安全和利益。严格执行地理信息保密管理各项制度，切实为"北斗"产业化应用提供安全有序的市场环境。

2. 加强"北斗"导航与定位服务产品质量检测与监管。积极推进相关部门合作建立"北斗"导航与位置服务产品质量检测工作机制，切实加强对"北斗"导航与位置服务软硬件产品的质量检测和监督管理。开展基于"北斗"的测绘装备测试定型及产品认证工作，促进自主创新成果转化。建立权威地图导航定位产品质量综合测评体系，以《车载导航电子地图产品规范》和《导航电子地图检测规范》为基础，进一步强化地图导航产品的检验测评工作。

八、2015 年 10 月《国家民用空间基础设施中长期发展规划（2015—2025 年)》

（一）发展目标

分阶段逐步建成技术先进、自主可控、布局合理、全球覆盖，由卫星遥感、卫星通信广播、卫星导航定位三大系统构成的国家民用空间基础设施，满足行业和区域重大应用需求，支撑我国现代化建设、国家安全和民生改善的发展要求。

"十二五"期间或稍后，基本形成国家民用空间基础设施骨干框架，建立业务卫星发展模式和服务机制，制定数据共享政策。

"十三五"期间，构建形成卫星遥感、卫星通信广播、卫星导航定位三大系统，基本建成国家民用空间基础设施体系，提供连续稳定的业务服务。数据共享服务机制基本完善，标准规范体系基本配套，商业化发展模式基本形成，具备国际服务能力。

"十四五"期间，建成技术先进、全球覆盖、高效运行的国家民用空间基础设施体系，业务化、市场化、产业化发展达到国际先进水平。创新驱动、需求牵引、市场配置的持续发展机制不断完善，有力支撑经济社会发展，有效参与国际化发展。

（二）构建卫星遥感、通信广播和导航定位三大系统

通过跨系列、跨星座卫星和数据资源组合应用、多中心协同服务的方式，提供多类型、高质量、稳定可靠、规模化的空间信息综合服务能力，支撑各行业的综合应用

1. 卫星遥感系统

按照一星多用、多星组网、多网协同的发展思路，根据观测任务的技术特征和用户需求特征，重点发展陆地观测、海洋观测、大气观测三个系列，构建由七个星座及三类专题卫星组成的遥感卫星系统，逐步形成高、中、低空间分辨率合理配置、多种观测技术优化组合的综合高效全球观测和数据获取能力。统筹建设遥感卫星接收站网、数据中心、共享网络平台和共性应用支撑平台，形成卫星遥感数据全球接收与全球服务能力。

（1）空间系统建设

主要包括陆地观测卫星系列、海洋观测卫星系列、大气观测卫星系列。

一是陆地观测卫星系列。

面向国土资源、环境保护、防灾减灾、水利、农业、林业、统计、地震、测绘、交通、住房城乡建设、卫生等行业以及市场应用对中、高空间分辨率遥感数据的需求，兼顾海洋、大气观测需求，充分利用资源卫星、环境减灾小卫星星座以及高分辨率对地观测系统重大专项等技术基础，进一步完善光学观测、微波观测、地球物理场探测手段，建设高分辨率光学、中分辨率光学和合成孔径雷达（SAR）三个观测星座，发展地球物理场探测卫星，不断提高陆地观测卫星定量化应用水平。

高分辨率光学观测星座。围绕行业及市场应用对基础地理信息、土地利用、植被覆盖、矿产开发、精细农业、城镇建设、交通运输、水利设施、生态建设、环境保护、水土保持、灾害评估以及热点区域应急等高精度、高重访观测业务需求，发展极轨高分辨率光学卫星星座，实现全球范围内精细化观测的数据获取能力。

中分辨率光学观测星座。围绕资源调查、环境监测、防灾减灾、碳源碳汇调查、地质调查、水资源管理、农情监测等对大幅宽、快速覆盖和综合观测需求，建设高、低轨道合理配置的中分辨率光学卫星星座，实现全

球范围天级快速动态观测以及全国范围小时级观测。

合成孔径雷达（SAR）观测星座。围绕行业及市场应用对自然灾害监测、资源监测、环境监测、农情监测、桥隧形变监测、地面沉降、基础地理信息、全球变化信息获取等全天候、全天时、多尺度观测，以及高精度形变观测业务需求，发挥 SAR 卫星在复杂气象条件下的观测优势，与光学观测手段相互配合，建设高低轨道合理配置、多种观测频段相结合的卫星星座，形成多频段、多模式综合观测能力。

地球物理场探测卫星。围绕地震、防灾减灾、国土、测绘、海洋等行业对地球物理环境变化监测需求，发展电磁监测与重力梯度测量等技术，形成地球物理场探测能力，服务地震预报研究、全球大地基准框架建立等应用。

二是海洋观测卫星系列。

服务我国海洋强国战略在海洋资源开发、环境保护、防灾减灾、权益维护、海域使用管理、海岛海岸带调查和极地大洋考察等方面的重大需求，兼顾陆地、大气观测需求，发展多种光学和微波观测技术，建设海洋水色、海洋动力卫星星座，发展海洋监视监测卫星，不断提高海洋观测卫星综合观测能力。

海洋水色卫星星座。围绕海洋资源开发、生态监测、污染控制以及大尺度变化监测等应用，对海水叶绿素、悬浮泥沙、可溶性有机物以及赤潮、绿潮等海洋水色环境要素的大幅宽、全球快速覆盖观测需求，发展高信噪比的可见光、红外多光谱和高光谱等观测技术，建设上、下午星组网的海洋水色卫星星座，提高观测时效性。

海洋动力卫星星座。围绕海洋防灾减灾、资源开发、环境保护、海洋渔业、海上交通运输等应用，对海面高度、海面风场、海浪、海水温度、海水盐度等海洋动力环境要素的高精度获取需求，发展微波辐射计、散射计、高度计等观测技术，建设海洋动力卫星星座。

海洋环境监测卫星。围绕海域环境监测、海域使用管理、海洋权益维护和防灾减灾等应用对全天时、全天候、近实时监测需求，发展高轨凝视光学和高轨 SAR 技术，并结合低轨 SAR 卫星星座能力，实现高、低轨光学和 SAR 联合观测。

三是大气观测卫星系列。

面向各行业及大众应用对气象预报、大气环境监测、气象灾害监测以及全球气候观测、全球气候变化应对等大气观测需求，兼顾海洋、陆地观测需求，发展完善大尺度的主被动光学、主被动微波等探测能力，建设天气观测、气候观测 2 个卫星星座，同时建设大气成分探测卫星，与世界气象组织的相关卫星数据融合共享，形成完整的大气系统观测能力。

天气观测卫星星座。围绕天气精确预报、气象灾害预报需求，发展高轨高时间分辨率观测能力，通过光学、微波卫星组网，实现国土及周边区域天气分钟级观测能力。

气候观测卫星星座。围绕气候变化、气象灾害、数值天气预报等常态化监测需求，发展全球覆盖、多手段综合观测能力，建设由上、下午星和晨昏星组成的气候观测卫星星座。

大气成分探测卫星。围绕大气颗粒物、污染气体和温室气体探测需求，发展高光谱、激光、偏振等观测技术。

（2）地面系统建设

地面系统主要包括遥感卫星接收站网、数据中心、共性应用支撑平台、共享网络平台。按照高效组网、协同运行、集成服务的要求，利用地面系统现有资源，统筹建设接收站网等地面设施，积极拓展境外建站，实现多站协同运行，统筹陆地、海洋、气象卫星数据中心服务，综合满足各领域业务需求。

一是接收站网。

统筹相关需求，推进陆地、海洋、大气观测卫星数据协调接收，在充分利用已有资源基础上，新建国内和极地等静轨、极轨接收天线，以及海上移动接收设施，实现全球数据的多站协同、一体化接收。

二是数据中心。

充分利用已有基础，统筹建设遥感卫星任务管理以及数据处理、存储、分发服务的基础设施，实现陆地、海洋、气象卫星数据中心的相互支持、互为补充、互为备份，推进卫星、数据、计算资源的高效利用和共享。

三是共性应用支撑平台。

共性应用支撑平台包括定标与真实性检验场网、共性技术研发公共支撑平台。定标与真实性检验场网协调各类卫星与数据产品服务需求，开展建设与运行，实现资源和数据的共享共用。定标场网结合星上定标、数字定标、交叉定标等多种手段，满足各类载荷性能标定需求。真实性检验场网与各行业观测系统紧密结合，主要依靠精度高、数据长期稳定的观测站与试验场组建。共性技术研发公共支撑平台主要针对标准规范、数据处理、共享服务、检验评价、仿真验证、基础数据库等共性技术，建设架构开放、信息集成共享的技术研发支撑能力与共性技术试验系统，有效促进共性技术服务与共享。

四是共享网络平台。

建设共享网络平台，有效连接三大数据中心及各层次应用系统，及时发布卫星运行状态和用户观测需求，高效利用各类计算与数据资源，广泛共享应用产品及技术，为广大用户提供业务化服务支撑。

2. 卫星通信广播系统

面向行业及市场应用，以商业化模式为主，保障公益性发展需求，主要发展固定通信广播卫星和移动通信广播卫星，同步建设测控站、信关站、上行站、标校场等地面设施，形成宽带通信、固定通信、电视直播、移动通信、移动多媒体广播业务服务能力，逐步建成覆盖全球主要地区、与地面通信网络融合的卫星通信广播系统，服务宽带中国和全球化战略，推进国际传播能力建设。

（1）空间系统建设

发展固定通信广播和移动通信广播卫星系列。

一是固定通信广播卫星系列。

建设固定通信、电视直播和宽带通信三类卫星，为国土、周边区域及全球重点地区提供固定通信广播服务。

固定通信卫星。围绕电信、广播电视、海洋、石油等行业需求，在现有在轨卫星基础上，加快发展固定通信卫星系统，保持固定通信业务能力持续提升。

电视直播卫星。为实现广播电视直播到户，在现有卫星基础上，稳步发展电视直播卫星系统。

宽带通信卫星。为实现远程教育、远程医疗、防灾减灾信息服务、农村农业信息化、国际化发展等双向通信业务，发展宽带通信卫星系统，具备卫星广播影视和数字发行服务能力。

二是移动通信广播卫星系列。

建设移动通信、移动多媒体广播两类卫星，基本实现移动通信业务的全球覆盖及移动多媒体广播业务的国土覆盖。

移动通信卫星。按照先区域、后全球的安排，建设移动通信卫星系统。建设区域移动通信卫星系统，开展行业和个人的语音、信息服务。在此基础上，建设全球移动通信卫星系统，基本实现全球移动通信覆盖。

移动多媒体广播卫星。为实现电信、广播电视、交通运输、应急减灾等行业移动多媒体广播，发展移动多媒体广播卫星系统。

此外，研制数据采集卫星（DCSS）技术验证系统。

（2）地面系统建设

根据空间系统发展需要，依托现有站网资源，对现有各类地面设施进行必要的更新改造，同步建设测控站、信关站、上行站、标校场等地面设施，充分发挥卫星系统效能。

3. 卫星导航定位系统

卫星导航空间系统和地面系统建设已纳入中国第二代卫星导航系统国家科技重大专项统一规划和组织实施。到 2020 年，建成由 35 颗卫星组成的北斗全球卫星导航系统，形成优于 10 米定位精度、20 纳秒授时精度的全球服务能力。

根据《国家卫星导航产业中长期发展规划》所确定的发展目标和任务，结合中国第二代卫星导航系统国家科技重大专项，积极提高北斗系统地面应用服务能力。统筹部署北斗卫星导航地基增强系统，整合已有的多模连续运行参考站网资源，建设国家级多模连续运行参考站网，提升系统增强服务性能，具备我国及周边区域实时米级/分米级、专业厘米级、事后毫米级的定位服务能力。综合集成地理信息、遥感数据、建筑、交通、防灾减灾、水利、气象、环境、区域界线等基础信息，建立全国性、高精度的位置数据综合服务系统。建设辅助定位系统，实现重点区域和特定场所室内外无缝定位。

（二）超前部署科研任务

面向未来，瞄准国际前沿技术，围绕制约发展的关键瓶颈，超前部署科研任务，与相关国家科技计划有效衔接，发展新技术、创新新体制、建设新系统，主要技术指标达到国际先进水平，不断提升自主创新能力，支撑国家民用空间基础设施升级换代，培育和引领新需求。

1. 遥感卫星科研任务

以应用需求为核心，优先开展遥感卫星数据处理技术和业务应用技术的研究与验证试验，提前定型卫星遥感数据基础产品与高级产品的处理算法，掌握长寿命、高稳定性、高定位精度、大承载量和强敏捷能力的卫星平台技术，突破高分辨率、高精度、高可靠性及综合探测等有效载荷技术，提升卫星性能和定量化应用水平。创新观测体制和技术，填补高轨微波观测、激光测量、重力测量、干涉测量、海洋盐度探测、高精度大气成分探测等技术空白。

2. 通信广播卫星科研任务

围绕固定通信广播、移动通信广播等方面的新业务以及卫星性能提升的需求，发展高功率、大容量、长寿命先进卫星平台技术，研制高功率、大天线、多波束、频率复用等先进有效载荷，全面提升卫星性能，填补宽带通信、移动多媒体广播等方面的技术空白，促进宽带通信、移动通信技术升级换代。开展激光通信、量子通信、卫星信息安全抗干扰等先进技术研究与验证。

3. 天地一体化技术研究

开展天地一体化系统集成技术、地面系统关键技术以及共性应用技术攻关，加强体系设计、仿真、评估能力建设，实现天地一体化同步协调发展，提高空间基础设施应用效益。

（三）积极推进重大应用

鼓励各用户部门根据自身业务需求和特定应用目标，组合利用不同星座、不同系列的卫星和数据资源，构建本领域卫星综合应用体系，实现多源信息的持续获取和综合应用。积极开展行业、区域、产业化、国际化及科技发展等多层面的遥感、通信、导航综合应用示范，加强跨领域资源共享与信息综合服务能力，加速与物联网、云计算、大数据及其他新技术、新应用的融合，促进卫星应用产业可持续发展，提升新型信息化技术应用水平。

1. 资源、环境和生态保护综合应用

针对资源开发、粮食安全、环境安全、生态保护、气候变化、海洋战略和全球战略等重大需求，在国土、测绘、能源、交通、海洋、环境保护、气象、农业、减灾、统计、水利、林业等领域开展综合应用示范，为资源环境动态监测、预警、评估、治理等核心业务和重大国情国力普查与调查，提供及时、准确、稳定的空间信息服务，支撑宏观决策，保障资源、能源、粮食、海洋、生态等战略安全。

2. 防灾减灾与应急反应综合应用

面向防灾减灾与应急需求，围绕重特大自然灾害监测预警、应急反应、综合评估和灾后重建等重大任务，结合民政、地震、气象、海洋、能源、交通运输、城市市政基础设施、水利、农业、统计、国土、林业、环境保护等领域需求，开展地震灾害频发区、西南多云多雨山区地质灾害、西北华北干旱和寒潮、森林草原灾害、洪涝灾害频发区、城市灾害、东南沿海台风暴雨、赤潮、巨浪等典型灾害区域综合应用示范；推动建立城乡区域自然灾害监测评估、应急指挥信息通信服务和综合防灾减灾空间信息服务平台，提供基于时空信息和位置服务的灾害快速响应、业务协同和应急管理决策信息服务。

3. 社会管理、公共服务及安全生产综合应用

面向经济社会中安全生产、稳定运行的重大需求，围绕社会精细化管理，特别是市政公用、交通、能源、通信、民政、农业、林业、水利等基础设施安全运行和公共卫生突发事件响应等，开展综合应用示范，拓展空间基础设施在重点目标动态监测、预警和精细化管理中的应用，支持社会管理水平的有效提升。

4. 新型城镇化与区域可持续发展、跨领域综合应用

针对住房城乡建设、能源、交通、民政、环境保护等部门的业务管理和社会服务需求，开展新型城镇化布局、"智慧城市"、"智慧能源"、"智慧交通"及"数字减灾"卫星综合应用；重点面向西部地区可持续发展和普遍服务需求，开展区域卫星综合应用；面向京津冀、长三角、珠三角等地区区域生态环境保护、城镇化、再生资源开发利用、教育与医疗资源共享等需求，开展跨区域、跨领域综合应用。

5. 大众信息消费和产业化综合应用

为推动我国空间信息大众化服务与消费以及产业化、商业化发展，面向大众对空间信息的多层次需求，充分利用卫星遥感、卫星通信广播、卫星导航技术和资源，创新商业模式，挖掘、培育和发展大众旅游、位置服

务、通信、文化、医疗、教育、减灾、统计等信息消费应用服务。扩大中西部等地面通信基础设施薄弱地区的卫星通信广播服务，开展信息惠民综合应用。

6. 全球观测与地球系统科学综合应用

适应全球化发展需要，加强国际合作，充分利用相关国际合作机制，推动虚拟卫星星座应用和全球性探索计划，开展全球变化、防灾减灾、人与自然、地球物理、空间环境、碳循环等地球系统前沿领域先导性研究、监测和应用，提升自主创新能力和国际影响力，为人类可持续发展作出贡献。

7. 国际化服务与应用

服务我国"走出去"和"一带一路"战略，构建集卫星遥感、卫星通信广播、卫星导航与地理信息技术于一体的全球综合信息服务平台，为全球测绘、全球海洋观测、全球资产管理、粮食安全与主要农产品生产监测、环境监测、林业与矿产资源监测、水资源监测、物流管理、安全与应急管理等提供服务。通过广泛开展国际合作，构建北斗全球广域增强系统，提高系统服务性能，提升北斗国际竞争力。面向综合减灾、应急救援、资源管理、智能交通等国际化应用，合作开发空间基础设施应用产品和服务，大力拓展国际市场，积极支持在地球观测组织框架内，推动卫星遥感数据的国际共享与服务。

九、2016 年 12 月《"十三五"国家信息化规划》

（一）优先行动：北斗系统建设应用行动

行动目标：到 2018 年，面向"一带一路"沿线及周边国家提供基本服务；到 2020 年，建成由 35 颗卫星组成的北斗全球卫星导航系统，为全球用户提供服务。

统筹推进北斗建设应用。进一步完善北斗卫星导航产业的领导协调机制，持续推进北斗系统规划、建设、产业、应用等各层面发展。加快地基增强系统建设，搭建北斗高精度位置服务平台，积极开展应用示范。

加强北斗核心技术突破。加大研发支持力度，整合产业资源，完善型谱规划，综合提升北斗导航芯片的性能、功耗、成本等指标，鼓励与通信、计算、传感等芯片的集成发展，推动北斗卫星导航系统及其兼容产品在政府部门的应用，提高产业竞争力。

加快北斗产业化进程。开展行业应用示范，推动北斗系统在国家核心业务系统和交通、通信、广电、水利、电力、公安、测绘、住房城乡建设、旅游等重点领域应用部署。推动北斗导航产业链的发展和完善，促进高精度芯片、终端制造和位置服务产业综合发展。

开拓卫星导航服务国际市场。服务共建"一带一路"倡议，实施卫星导航产业国际化发展综合服务工程，加快海外北斗卫星导航地基增强系统建设，推进北斗在亚太的区域性基站和位置服务平台建设，加快建立国际化的产业技术联盟和专利池。

十、2017 年 2 月《"十三五"现代综合交通运输体系发展规划》

（一）交通运输智能化发展重点工程：北斗卫星导航系统推广工程。

加快推动北斗系统在通用航空、飞行运行监视、海上应急救援和机载导航等方面的应用。加强全天候、全天时、高精度的定位、导航、授时等服务对车联网、船联网以及自动驾驶等的基础支撑作用。鼓励汽车厂商前装北斗用户端产品，推动北斗模块成为车载导航设备和智能手机的标准配置，拓宽在列车运行控制、港口运营、车辆监管、船舶监管等方面的应用。

十一、2017 年 1 月《安全生产"十三五"规划》

（一）主要任务：坚决遏制重特大事故

渔业船舶：严格渔船初次检验、营运检验和船用产品检验制度。开展渔船设计、修造企业能力评估。推进渔船更新改造和标准化。完善渔船渔港动态监管信息系统，对渔业通信基站进行升级优化。推动海洋渔船（含远洋渔船）配备防碰撞自动识别系统、北斗终端等安全通信导航设备，提升渔船装备管理和信息化水平。

十二、2017 年 11 月《北斗卫星导航系统交通运输行业应用专项规划》

（一）规划目标

2020 年规划目标：到 2020 年，建成保障能力明显增强、应用环境趋于完善、应用领域更加广泛、创新能力显著提升的北斗系统交通运输行业服务体系，在铁路、公路、水路、民航、邮政等交通运输全领域实现北斗系统应用，其中重点和关键领域率先实现卫星导航系统自主可控。

——保障能力明显增强。满足行业需求的地基增强系统应用服务覆盖长江干线和沿海港口等区域，搜救能力全面提升，初步实现对北斗系统和地基增强系统行业服务性能的监测、验证，各类交通时空信息有效汇聚。

——应用环境趋于完善。综合交通北斗应用管理架构基本形成，行业标准规范基本完备，各领域应用政策更加健全，军地联系更加紧密。

——应用领域更加广泛。在行业关键领域应用国产北斗终端，实现卫星导航服务自主可控，重点运输车辆北斗兼容终端应用率不低于 80%，国内"四类重点船舶"北斗兼容终端应用率不低于 80%，城市地面公共交通北斗兼容终端应用率不低于 80%，推动民航低空空域监视北斗定位信息应用率达到 100%，铁路列车调度北斗授时应用率达到 100%，行业在售终端全部支持北斗定位模式，建成相应的应用管理与服务平台。

——创新能力显著提升。行业北斗系统"产学研用"创新体系基本形成，市场驱动作用明显，企业创新主体地位进一步提升，行业创新应用不断涌现，行业终端产品种类更加丰富、质量明显提升、成本大幅下降，技术成果各方共享共用。

2025 年规划目标：到 2025 年，建成服务于综合交通的定位、导航和授时（PNT）体系，形成完备、规范、精准、安全的北斗系统交通运输行业应用格局，为国家综合 PNT 体系建设提供有力支持。

（二）主要任务

1. 加强行业应用基础设施建设

发挥政府公共管理和安全保障作用，重点加强北斗系统交通运输行业应用基础能力建设，依托已建成的北斗地基增强系统，按照全国"一张网"总体部署，结合行业需求，补充建设长江干线和沿海北斗地基增强系统、交通运输北斗高精度导航与位置服务信息资源中心，推动形成行业高精度位置服务体系，建设交通运输行业卫星导航基准站数据处理分级保护系统工程，实现交通运输行业基准站数据的安全接入、处理和分发。推动北斗卫星加入全球卫星搜救系统，在北斗系统中轨卫星上搭载搜救载荷，以促进北斗全球化应用，改扩建我国现有搜救卫星地面系统，提升我国应急搜救反应能力。依托交通运输行业全球资源优势，建立北斗全球系统组网民用应用验证平台，开展北斗全球系统功能性能验证工作，及时向全球用户公布民用应用性能评估结果。

2. 完善行业应用发展环境

完善行业北斗应用工作相关法规。在国际海事组织（IMO）、国际民航组织（ICAO）、国际电工委员会（IEC）等国际组织框架下，持续开展北斗系统应用相关国际合作工作，加强与相关国际公约的对接，推动北斗系统接入全球海上遇险与安全系统（GMDSS）。积极参与《中华人民共和国卫星导航条例》等国家卫星导航相关法律法规研究制定工作。完善运输过程监管及服务、路网运行监测、交通基础设施建设及安全健康监测、安全应急搜救、物流调度管理、高精度位置服务等领域相关管理办法，支持北斗系统应用。推动交通运输行业公务执法车辆、执法船舶和执法"单兵"装备配置北斗终端，制定船载北斗终端配备鼓励政策，推动"四类重点船舶"安装使用北斗终端，引导商船安装配置北斗终端，扩大使用范围。按照《中华人民共和国测绘法》相关要求，加强行业卫星导航基准站和公共服务平台管理。强化相关保密制度，提升安全保密意识，确保卫星导航相关涉密信息严格保密，杜绝失泄密事件发生。规范北斗短报文通信在交通安全应急领域的应用。

研究行业北斗应用相关标准。持续推动北斗系统标准化"走出去"。在相关国际组织的工作框架下，继续推进标准、指南等文件的制定和修订工作。建立行业北斗系统应用标准规范体系，纳入交通运输标准化体系。结合行业应用实际，以问题为导向，及时制修订交通运输行业与卫星导航系统相关的标准规范，如《基于北斗卫星导航的增强系统民航应用性能要求》《沿海无线电指向标—差分全球导航》。加强对北斗系统相关产品的质量监督管理，提高行业北斗系统应用产品质量。

3. 全面拓展行业应用领域

推动北斗系统在铁路领域的应用。建立基于北斗系统的全国统一的列车运行授时与调度指挥系统，加强列车运行监控和管理。

推动北斗系统在民航领域的应用。加快推进北斗区域系统、全球系统及相关增强系统在运输及通用航空定位、导航、授时及监视领域的应用，鼓励国产大飞机及通用航空器应用北斗系统。

推动北斗系统在邮政领域的应用。鼓励在邮件快件运输、收投车辆上配置北斗终端，利用北斗系统加强对以上车辆的实时跟踪和有效监控，全面提升安全管理能力和服务水平。

开展北斗系统在交通运输基础设施测量和安全监测中的应用。在铁路、公路、桥梁、隧道、航道、码头等基础设施建设和安全健康监测中广泛应用北斗技术手段，并在公众网无法覆盖区域使用北斗短报文功能回传监测数据。加强北斗系统在运输过程监管领域的应用。在原相关示范工程基础上，推动重点营运车辆安装北斗兼容终端比率稳步提升，借力北斗地基增强系统，推动实现全国运输车辆车道级动态监控和监控终端时间同步，助益车辆违章监管和事故调查。

推动北斗系统融入"智慧高速"。结合高速公路周边增强基准站布局情况，在沿线适当补充站点，并接入交通运输北斗高精度导航与位置服务信息资源中心，提高车路协同信息服务能力，为辅助驾驶等高精度应用提供支持。

推动北斗系统服务公众出行。发挥北斗高精度优势，辅助多源信息融合导航定位技术和室内定位技术，鼓励在城市公交车、出租汽车和轨道交通上应用北斗系统，多渠道服务公众出行。鼓励驾驶员培训机构使用增强数据资源，实现培训过程精准管理。推动北斗系统在车联网、自动驾驶领域的应用。

推动北斗系统在水路领域的应用。发挥北斗系统在航标遥测遥控中的作用，推动航标使用北斗定位和短报文通信功能。做好基于北斗的中国海上搜救信息系统示范工程建设成果的应用。加快推进北斗终端设备在船舶和应急装备上的应用，推动国内船舶和大型应急装备逐步安装使用北斗船载终端，完善数据格式和接口协议，形成稳定可靠的数据传输保障体系，提高北斗短报文遇险报警能力，在现有海上安全监管平台中接入北斗系统相关信息，与海事共享数据库融合，拓展智慧海事的感知手段和应用功能。结合智慧港口建设，推动各港口在货物搬运、甩挂运输、场站管理、港区调度、车船货匹配、货物跟踪、多式联运等方面应用北斗系统，提高港区运输调度和运营效率。

推动北斗系统助力综合运输发展。适时启动综合运输北斗卫星导航时空信息服务系统建设，汇聚各类交通运输方式动静态空间信息数据。鼓励通过使用北斗系统促进各类运输方式有机衔接，发挥综合效益，推动在重要的综合运输枢纽和节点使用北斗系统，促进实现各类运输方式统一授时和精准换乘。

4. 积极鼓励行业应用创新

支持北斗与其他技术融合应用。充分利用北斗系统高精度时空基准信息，结合信息技术发展趋势，促进北斗系统与移动通信、互联网、地理信息、高分遥感、大数据、云计算、智能终端等技术融合，充分突出各类技术特色、发挥各类技术优势，创新应用服务模式，共同服务行业发展，鼓励行业各领域开展多种技术融合应用专题研究。

推动北斗相关技术成果转化。推动建立交通运输行业北斗系统技术研究成果转化机制，促进政府机构、军队、科研院所、企业等主体间北斗系统相关技术成果共享共用，鼓励研究成果在工程中的示范应用，支持各类技术在实际业务中的创新应用，组织交通运输行业各领域北斗系统应用专家，指导和服务行业北斗系统技术成果转化和创新应用工作。

发挥企业创新主体地位作用。建立产学研用相结合的技术创新体系，支持行业内研究机构和企业联合，持续创新北斗系统应用新模式。鼓励社会资本参与或主导行业北斗系统应用新产品的研发、研制和推广。加快创新成果孵化，促进科技成果转化，实现行业北斗系统应用产品的市场化和产业化。依托交通运输行业现有科技资源共享平台，开展北斗系统应用技术交流、成果推介和政策宣传等活动。

5. 深入推进军民融合应用

北斗系统应用是推进交通运输军民融合深度发展的重点领域，交通运输行业需增强先行意识，发挥先锋作用，全力推进北斗系统军民融合应用工作，提升行业军民融合发展水平和战备保障能力。

6. 开展行业应用示范工程建设

结合行业北斗系统应用重点方向，发挥示范引领作用，开展一批应用示范工程建设，以示范应用带动全面应用和国际化应用。推动北斗系统服务"一带一路"建设、长江经济带发展，结合"一带一路"规划明确的"稳步推进北斗导航系统走出去"任务整体布局和实施方案，特别是中俄国际道路运输中，利用北斗/格洛纳斯系统服务两国国际道路运输，促进交通运输与北斗系统国际化发展联动。建设交通运输单北斗系统应用示范工程，率先推动在行业公务执法、应急救援及航海保障等领域实现卫星导航系统自主可控。建设基于北斗的国际道路运输服务信息系统工程和全球海上航运示范工程，持续推动北斗系统国际化进程。建设基于北斗的内河船舶航行运输服务监管示范工程，提升内河航运信息化水平和安全保障能力。建设基于北斗的铁路网和列车统一授时与调度指挥系统工程、通用航空应用示范系统工程，推动北斗系统在铁路和民航领域的应用。

十三、《北斗卫星导航系统法治建设报告》

北斗卫星导航系统（以下简称北斗系统）是国家关键基础设施，是大国重器。党和国家高度重视北斗系统法治建设（以下简称北斗法治建设），将厉行法治作为北斗系统长远发展的基本保障。北斗法治建设是北斗系统可持续发展的内在要求，是卫星导航领域深入贯彻全面依法治国基本方略的重要举措。北斗法治建设立足北斗系统发展全局，按照良法善治要求，坚持开放兼容、创新驱动、统筹推进、合作共享、注重效益、确保安全的发展原则，着力构建符合北斗系统发展规律的法律制度体系，并使其充分发挥引导、规范和保障北斗系统发展的作用，确保北斗系统在法治轨道上协调发展、融合发展、安全发展，建成世界一流卫星导航系统，满足国家安全与经济社会发展需要，为全球用户提供连续、稳定、可靠服务。

国运兴则法治兴。2020 年 11 月，中央全面依法治国工作会议首次提出并系统阐述了习近平法治思想，确立了其在全面依法治国中的指导地位。以习近平法治思想为指导，系统总结北斗法治建设的做法成效和经验启示，深度展望北斗法治建设的发展前景，对于坚定法治信念、凝聚法治力量，在新的起点上加快推进北斗法治建设，开创北斗法治建设新局面，具有重要现实意义。

（一）建设成效

北斗法治建设，在国家启动北斗重大专项中应运而生，在保障北斗系统"三步走"发展战略中磨砺而成。伴随着北斗系统的快速发展，北斗法治建设也取得了明显进步。以国家宏观政策为主导、以行业和地方政策法规为主体的北斗法律制度体系已基本形成，法治实施工作深入推进，法治环境氛围日渐浓厚，法治建设对北斗系统发展的促进和保障作用日益显现。

1. 注重谋篇布局，保障系统建设

——重视战略规划设计。国家确立了北斗系统建设发展战略，为系统建设提供了宏观政策指引。2005 年《国家中长期科学和技术发展规划纲要（2006-2020 年）》将北斗系统列为科技重大专项之一，明确了发展北斗系统的战略目标，填补了国家战略空白。北斗系统发展相继纳入国家国防建设与经济建设协调发展战略、信息化发展战略、对外开放总体战略、区域发展战略、乡村振兴战略等重大战略部署，明确了北斗系统建设在国家安全和发展战略布局中的重要地位，为北斗系统发展提供了根本保障。国家战略性新兴产业发展规划、国家民用空间基础设施中长期发展规划、国家卫星导航产业中长期发展规划等宏观政策提出了北斗系统建设各阶段的目标任务，为北斗系统发展提供了方向和路径引领。

——初步建立管理体制机制。构建了由国家 20 余个部门组建的国家重大专项领导机构、牵头组织单位、责任主体部门、实施执行机构和任务承担单位构成的组织体系，以中国卫星导航系统管理办公室为核心的总体管理团队，以及由总设计师系统、专家咨询机构和技术支撑机构构成的决策咨询与技术保障体系。在国家重大专项领导机构的统一领导下，中国卫星导航系统管理办公室和各有关部门单位分工负责，形成运行顺畅、协调高效、规范有序的管理工作机制，将政产研学等多维力量有效整合，实现了管理-工程-技术的有机融合，确保了资源、要素的优化配置和工作的顺利推进。

——推进管理规范体系建设。北斗系统建设遵循国家科技重大专项建设的基本规律和北斗系统建设的特殊规律，积极推进具有北斗特色的项目管理、质量管理、技术管理、运行管理、保密管理、经费管理、知识产权管理、国际合作与交流管理、标准化管理等制度规范的建设，形成了覆盖北斗系统建设全过程、全要素的管理规范体系，确保北斗系统建设工作依法依规有序开展，保障系统工程建设任务提前圆满完成。

2. 完善制度机制，确保安全运行

——健全运行维护机制。根据北斗系统运行维护需要，成立北斗系统安全稳定运行的组织机构，建立多方联动保障机制，完善工作责任制，压实各方责任，健全日常监管、风险管控、监测评估、精稳提升、平稳过渡等方面的制度规范，着力消除薄弱环节，增强系统可靠性，保障北斗系统安全稳定运行，持续提供优质服务，推动建设具有中国特色的北斗系统运行维护体系。

——强化安全保护规范。北斗系统是国家关键基础设施，我国有关法律法规对国家关键基础设施及相关配套设施的应用安全保护作出了原则性规定，在一些领域为卫星导航相关设备设施及应用安全，卫星导航系统基准站的建设运行、数据安全，卫星导航信号保护等事项提供了法律依据，为北斗系统稳定运行和用户使用安全提供了基本保障。承担北斗系统运行维护任务的单位依据相关法律法规，结合运行维护工作实际，细化相关标准规范，依法将安全运行维护工作落到实处。

——建立信息公开制度。建立北斗系统新闻发言人制度，举办新闻发布会，设立北斗卫星导航系统政府官方网站，及时公开发布北斗系统运行状态、服务性能等信息，并逐步健全用户反馈机制。及时发布北斗系统公开服务性能规范、接口控制文件、系统发展报告、应用服务体系等规范性文件，为全球用户高效获取北斗系统服务信息提供便利。

3. 综合联动施策，推动产业发展

——顶层设计产业发展。自北斗系统发展进入建用并举阶段以来，在国家国民经济和社会发展的五年规划和相关产业化推进的战略性文件中，对加快推进北斗系统产业化进程作出了明确部署。特别是 2013 年颁布的《国家卫星导航产业中长期发展规划》，对我国卫星导航产业的发展目标、主要任务、重大举措作出了全面系统的安排。2021 年，全国人民代表大会批准《中华人民共和国国民经济和社会发展第十四个五年规划和 2035 年远景目标纲要》进一步提出实施北斗产业化重大工程，"深化北斗系统推广应用，推动北斗产业高质量发展"，为新时代全面推进北斗系统产业化发展指明了方向。

——行业出台配套措施。为落实国家关于北斗系统产业化发展的规划部署，国家各有关部门结合行业和领域发展特点，在交通运输、农林渔业、水文监测、气象测报、通信授时、电力调度、救灾减灾、公共安全等行业和领域相继出台了一大批促进北斗系统产业化应用推广的政策法规，使北斗系统得到广泛的普及应用，产生了显著的经济和社会效益。截止2021年4月，在交通运输行业，国家有关部门出台涉及北斗系统产业化应用推广的政策法规共计85件，使交通运输行业成为我国推进北斗系统产业化

应用发展最快的行业之一；在测绘地理信息领域，国家有关部门出台涉及北斗系统产业化应用推广的政策法规共计27件，显著提升了测绘地理信息领域北斗系统产业化应用推广的水平。

——地方推出落地举措。为促进北斗系统在地方的落地应用，各省、自治区、直辖市结合本地区位优势和区域发展战略，出台了大量涉及北斗系统应用的政策法规，据初步统计，截至2021年4月，各地出台的地方性政策法规达到871件。各地政策定位准确，特色鲜明，京津冀地区依托首都资源优势，发挥政策示范功能；长三角地区利用资金与市场优势，推动一体化发展；珠三角地区发挥区位市场优势，产值居于前列；华中鄂豫湘地区发挥科研和人才优势，形成了产业集聚效应；西部川陕渝地区，依托航空航天工业基础雄厚的优势，促进了高新技术的创新发展。

4. 加强涉外法治，促进全球合作

——对外发布政策主张。2016年，中国政府发布《中国北斗卫星导航系统》白皮书，介绍了北斗系统建设历程、发展目标与原则，阐释了中国政府持续建设和发展北斗系统、提供可靠安全服务的政策主张，展示了北斗系统的阶段进展成就和广阔发展前景，回应了国际社会的广泛关切。白皮书的发布，体现了党和国家对北斗系统的高度重视，向国际社会表明了中国政府发展建设北斗系统的决心和信心，展示了北斗系统公开、透明、开放的自信形象，表达了北斗系统愿与世界其他卫星导航系统并肩携手，共同服务全球、造福人类的积极意愿，为构建人类命运共同体发挥重要作用。积极承担卫星导航大国责任，分别于2012年、2018年举办联合国全

球卫星导航系统国际委员会（ICG）大会并倡导建立卫星导航领域公正合理的国际规则；于 2019 年在第 14 届 ICG 大会上介绍中国卫星导航法制建设主要做法，讲好中国故事、贡献中国方案、发出中国声音，倡导各国加强卫星导航法治合作，共同研究法律问题，得到各方积极响应，为中国积极参与卫星导航国际规则制定工作，探索积累了经验。

——推动兼容合作共享。我国分别同美国、俄罗斯就北斗系统与GPS、格洛纳斯系统（GLONASS）的系统间兼容与互操作签订双边协议，与欧盟持续推动北斗系统与伽利略系统（Galileo）的兼容与互操作协调，实现资源共享、优势互补、技术进步，共同提高卫星导航系统服务水平，为用户提供更加优质多样、安全可靠的定位导航授时服务。推动与其他国家和地区共享北斗系统发展成果，签署中俄、中阿（盟）、中阿（根廷）、中巴、中沙、中伊（拉克）等合作协定协议，建立中俄卫星导航重大战略合作项目委员会、中阿北斗合作论坛等常态化合作机制。

——加快进入国际标准体系。中国高度重视并持续推动北斗系统进入国际民用航空组织（ICAO）、国际海事组织（IMO）、国际搜救卫星组织（COSPAS—SARSAT）、移动通信国际标准组织（3GPP）、国际电工委员会（IEC）等行业和专业应用国际组织标准体系，获得国际组织认可，解决北斗系统在全球应用的标准规则问题。目前，多项支持北斗系统发展的国际标准发布。国际民航领域，北斗三号系统 189 项性能指标技术验证全部通过，进入国际民航组织标准工作的最核心和最主要任务圆满完成；国际海事领域，北斗系统成功加入世界无线电卫星导航系统，获得海事领域应用的国际合法地位。

5. 推动北斗专项立法，提升法治整体水平

——积极稳妥推进北斗专项立法。2016 年，《中华人民共和国卫星导航条例》列入国务院立法工作计划。在条例起草部门的统一组织下，条例起草工作稳步有序推进，共修改草案 40 余稿，组织召开院士座谈会、法律专家座谈会等各类会议 100 余次，征求各部门单位、社会各方意见建议 500 余条，吸收采纳 470 余条，研究相关国外法律法规百余部、国内政策法规千余部。《中华人民共和国卫星导航条例》将确立系统建设、运行服务、应用推广、安全保障、国际合作等方面的基本制度，彰显了中国以法治来保障北斗系统可持续发展的信心和决心。

——不断提升法治综合保障能力。北斗专项立法深入推进，有力带动了各项法治保障工作。有组织有计划地开展法治研究工作，针对卫星导航领导管理体制、短报文服务、高精度应用及产业化发展、应用安全保护、国际化发展等一系列重大涉法问题进行专题研究，取得了一批重要研究成果。积极回应社会和群众对北斗系统的重大关切，调查研究发展中出现的产业盲目发展、滥用北斗名称、短报文服务管理滞后等现象，从法理上释疑解惑，提出加强法治工作的建议，推动了重大现实问题的解决。多名全国人大代表、全国政协委员关注北斗法治建设，积极为国家加强北斗法治建设献言献策。通过主流媒体介绍北斗法治工作的做法、经验，展示北斗法治建设的成果，关心关注北斗法治建设的社会氛围逐渐形成。

——推动构建中国特色北斗法治体系。根据北斗系统的实际需要和发展需求，全方位、多角度推进北斗法律制度建设。推进嵌入式立法，交通、测绘等多个领域涉及卫星导航的法律逐步更新。涉及卫星导航的法规和规章陆续颁布。其中涉及卫星导航的行政法规 12 件，地方性法规 97 件，集中于道路交通、民航、测绘地理等行业和无线电管理方面。国务院有关部门发布涉及卫星导航的规章 49 件，其中交通运输部发布的规章数量最多。

全国共 22 个省市、自治区共发布涉及卫星导航的规章 44 件，上海、山东、广东发布数量最多。在着力加强北斗法律制度体系建设的同时，积极推进北斗法治实施体系、法治监督体系、法治保障体系，全方位构建中国特色北斗法治体系。

（二）发展启示

2020 年 7 月 31 日，习近平总书记亲自宣布北斗三号全球卫星导航系统正式开通，北斗迈进全球服务新时代。北斗系统"三步走"发展战略的圆满完成，得益于党的集中统一领导，得益于新型举国体制巨大优势，得益于中国特色社会主义制度的根本保障，得益于北斗法治建设的不断推进北斗法治建设成绩来之不易，启示弥足珍贵。

1. 坚持发挥举国之力建设北斗制度优势

北斗系统是国家重大科技工程，推进这项工程，需要调集各方力量、汇集各类资源、合力攻坚克难。只有充分发挥我国社会主义制度集中力量办大事的政治优势，坚持以法治为重要依托，在战略规划、宏观政策、法律规范和领导管理体制机制上对北斗系统发展作出制度性设计和安排，才能最大限度地凝聚各方共识、协调各方行动、统配各类资源，将制度优势转换为奋斗伟力，战胜前进道路上的一切困难，高效率、高质量完成北斗系统各阶段发展任务，实现北斗系统服务世界、造福人类的伟业。

2. 坚持从党和国家事业全局体系化推进

北斗系统是国家关键基础设施，涉及国家安全关乎国计民生，体现综合国力，北斗法治建设应当前瞻谋划、整体设计，在国家战略的统筹下体系化推进。既要坚持站在党和国家事业发展全局的高度，加强北斗法治建设的顶层设计，加快推进《中华人民共和国卫星导航条例》出台，充分发挥法律的引导、规范和保障作用，确保北斗系统稳定运行、推动北斗系统产业化发展、坚定全球用户使用北斗的信心；又要注重完善配套制度，抓好落地实施。既要建立健全法律制度体系，促进体系建设高质量发展；又要下大力做好法律制度的实施、监督和保障工作。

3. 坚持服务于北斗系统建设发展的需要

北斗是庞大复杂的系统工程，北斗法治建设必须遵循北斗系统建设发展规律和特点，发挥对北斗系统发展的引导、规范和保障作用。在北斗法律制度建设上，突出创新导向，激励创新、保护创新，采取特殊政策推动北斗系统关键核心技术产品的创新突破；促进融合发展，建立多部门共建、共管、共享的协调机制，推动"北斗+"与"+北斗"的融合，形成和完善北斗应用新业态；加强安全监管保障，以制度筑牢安全底线、防范安全风险。遵循北斗系统工作布局，在制度设计上，既强化布局各工作版块的专项功能，又确保提升布局发展的总体效能，形成了"总分结合、功能互补、整体联动"的政策法规制度模式。

4. 坚持统筹行业地方着眼特色联合推进

北斗应用与产业化迅速发展，较为快速地形成了基础产品、应用终端、应用系统和运营服务构成的产业链。这得益于坚持统筹行业部门和地方政府，以服务国家总体战略为目标，在北斗应用示范项目的带动下，立足行业特色和地区优势，发布卫星导航相关政策法规，联合组织推动北斗应用推广和产业发展，使行业部门和地方政府的力量得以充分发挥，形成制度合力。

5. 坚持国内规则与国际规则的相互协调

北斗系统是中国贡献给世界的全球公共服务产品。北斗法治建设需要坚持统筹推进国内法治和涉外法治，在涉及卫星导航相关法律法规制定、修订过程中，始终坚持与国际规则的有效衔接，为全球卫星导航系统的兼容发展提供公平的法治环境。坚持运用法治方式处理卫星导航国际事务，积极主动地参与卫星导航国际规则制定，与世界各国共享北斗系统建设发展成果。

6. 坚持破解难题开辟北斗法治新境界

北斗法治建设是在不断破解北斗系统发展面临的矛盾和问题中开辟前进道路。特别是在重大难点问题上的突破，不仅有力地促进北斗系统的发展，而且会使北斗法治建设别开生面、充满活力。我国涉及卫星导航的法律法规规章 200 余件，但缺少一部专门规范北斗系统的基本法规，这是制约北斗法治建设的突出问题，北斗法治建设将《中华人民共和国卫星导航条例》的制定作为重要抓手，在解决体制性障碍、结构性矛盾、政策性问题上推出了一系列举措，条例草案修改完善并趋于成熟的过程，是对北斗法治建设规律认识不断深化的过程，也是促进北斗法治的各项工作创新发展的过程，更为北斗法治建设开辟了更为广阔的发展前景。

（三）前景展望

奉法者强则国强。坚持以习近平法治思想为指导，立足北斗系统发展全局，体系化推进北斗法治建设，保障北斗系统在法治轨道上长远健康发展，谱写新时代北斗法治建设新篇章。一流北斗必然是法治北斗，北斗法治必将护航中国北斗走向世界。

1. 进一步推动北斗法治理念深入人心

随着习近平法治思想在全社会的深入贯彻落实，随着全面依法治国基本方略的不断推进，北斗法治建设跨入新时代、开启新征程，依法建设北斗、发展北斗、保障北斗的法治北斗理念将贯穿北斗系统建设发展的全过程，将融入北斗系统工作的方方面面。

2. 进一步健全北斗法律制度体系

北斗系统越向前发展，越是现代化产业化国际化，越是要法治化。北斗系统发展迈入综合定位导航授时体系建设的新阶段，新形势、新需求对北斗法律制度建设提出了新要求。全面推进法治中国建设将加快国家安全领域、新兴领域、涉外领域、信息技术领域等重点领域立法工作，对北斗法律制度建设提出了新任务。随着北斗法律制度建设在各位阶、各领域、各环节的有序展开，将逐步形成以国家综合定位导航授时法、卫星导航条例为主导，结构合理、要素齐全、内容完备的中国特色北斗法律制度体系。

3. 进一步强化北斗产业化的法治保障

随着"双循环"新发展格局、"新基建"等重点战略的全面推进，将有利促进北斗产业与其他产业的深度融合和市场拓展，北斗产业发展面临前所未有的机遇。北斗系统的法治建设将适应北斗产业化转型发展的需要，着力规范公平竞争的市场秩序和营商环境，增加各类主体参与和发展北斗产业的信心和活力，加快建立符合市场规则的产业发展模式和企业运营模式，积极培育产业发展的新动能、新业态，提升北斗产业核心竞争力，在更广范围、更深程度、更高层次上发挥法律制度对北斗产业转型的保障作用。

4. 进一步营造卫星导航国际法治环境

北斗系统全球服务的开通，将有利促进北斗系统与其他卫星导航系统之间的兼容发展，推动在相关国际领域开展全方位的合作与交流，在全球更多国家和地区广泛应用，我国在参与全球卫星导航治理中扮演更加重要的角色。北斗法治建设将发挥更大的作用，重点在建设和运用国际双边多边机制、推动北斗系统全面进入国际标准、运用国际规则使用频率轨位等资源、开展国际卫星导航法治交流与合作等方面展示和体现法治力量，构建公平公正公开的卫星导航国际秩序，营造有利于北斗国际化发展的法治环境，让北斗系统更好地服务人类发展进步。

5. 进一步提升北斗法治建设能力

随着北斗系统建设法治化的进程加快推进，北斗法治理论创新能力、实践开拓能力将显著提升。运用法治思维和法治方式引导、规范和保障北斗系统发展的能力明显增强，北斗系统的治理能力将进一步提升，从而不断满足北斗系统建设的新需求，不断解决北斗系统发展中遇到的新问题，不断应对北斗系统发展中的新挑战，全面彰显北斗法治保障的新成效。

十四、2021年11月工业和信息化部《"十四五"信息通信行业发展规划》

（一）发展重点：加快布局卫星通信

加强卫星通信顶层设计和统筹布局，推动高轨卫星与中低轨卫星协调发展。推进卫星通信系统与地面信息通信系统深度融合，初步形成覆盖全球、天地一体的信息网络，为陆海空天各类用户提供全球信息网络服务。积极参与卫星通信国际标准制定。鼓励卫星通信应用创新，促进北斗卫星导航系统在信息通信领域规模化应用，在航空、航海、公共安全和应急、交通能源等领域推广应用。

（二）卫星通信建设及北斗卫星导航系统规模化应用工程

1. 加快卫星通信建设

完善高中低轨卫星网络协调布局，实现5G地面蜂窝通信和卫星通信融合，初步建成覆盖全球的卫星信息网络，开展卫星通信应用开发和试点示范。

2. 加速北斗应用推广

建立北斗网络辅助公共服务平台，推动北斗在移动通信网络、物联网、车联网、应急通信中的应用，扩大应用市场规模。推动北斗高精度定位地基增强站共建共享。充分发挥现有通信网络基础设施规模化、网络化优势，科学制定地基增强站建设规划，提高定位数据利用效率。

3. 加强卫星频率与轨道资源管理和利用

制定相关领域卫星频率及轨道资源使用规划，加强集中统一管理，做好申报、协调、登记和维护等工作。

十五、2021年10月《数字交通"十四五"发展规划》

（一）主要任务：部署北斗、5G等信息基础设施应用网络

构建基于北斗、5G的应用场景和产业生态，在交通运输领域开展创新

示范应用，助力新一代信息技术产业应用。

深入推动北斗行业应用。在铁路、公路、水运、民航、邮政等领域推广应用北斗三号终端。深化交通运输领域北斗系统高精度导航与位置服务应用。推动北斗系统短报文特色功能在船舶监管、海上搜救、应急通信等领域应用。探索北斗系统在车路协同、港口作业等领域应用，深化北斗系统在全球航运领域的应用，推动交通运输领域北斗系统国际化应用。

协同推进 5G 等技术创新应用。按照国家信息基础设施总体布局，以应用为导向，稳步推进 5G 等通信设施与交通基础设施融合发展。协同建设车联网、船联网，推动车用无线通信技术应用。深化高分辨率对地观测系统应用。

完善交通运输综合信息通信网络。统筹利用行业和社会通信网络资源，整合建设天地一体的行业综合信息通信网络，推进行业 IPv6 规模部署和应用任务，增强网络资源统筹调度、运行监测和安全防护能力，为交通运输行业提供经济适用、安全可控的通信网络服务。

（二）北斗全球海上遇险通信与搜救支持系统工程

建设北斗全球海上遇险与安全支持系统，实现基于北斗短报文的船舶遇险报警、海上安全信息播发、搜救指挥等功能，助力北斗系统加入全球海上遇险与安全系统（GMDSS）。完善北斗兼容的全球中轨卫星搜救地面支持系统。

十六、2021 年 12 月《"十四五"铁路标准化发展规划》

（一）重点领域标准制修订方面

研究基于北斗的相关监测系统、新一代铁路移动通信系统、铁路通信网络安全等通信信号方面标准，研究北斗、机载激光雷达等工程建设勘测方面的新技术应用标准。在铁路标准化基础研究方面，在北斗、5G、人工智能等应用前景广阔领域部署技术研发、标准研制等任务，推动铁路标准关键核心技术突破。

十七、2022 年 1 月《关于大众消费领域北斗推广应用的若干意见》

（一）提升产业基础能力

1. 突破关键核心技术和产品。针对大众消费领域应用需求，重点突破短报文集成应用、融合卫星/基站/传感器的室内外无缝定位、自适应防欺骗抗干扰等关键技术，加快推进高精度、低功耗、低成本、小型化的北斗芯片及关键元器件研发和产业化，形成北斗与 5G、物联网、车联网等新一代信息技术融合的系统解决方案。鼓励应用商用密码，保障产品安全。提升大众消费领域北斗芯片、器件、模块供应能力，确保产业链供应链稳定。

2. 构建北斗应用服务基础设施。完善北斗网络辅助公共服务平台建设，扩大平台用户规模，进一步提高北斗定位速度。创新北斗高精度定位服务平台，推动不同地基增强系统的数据互通和业务协作，提升服务质量和使用效率，拓展北斗高精度定位在大众消费领域应用场景。建设北斗车联网应用服务平台，统一北斗商用车数据源接入和数据开放安全接口，为用户提供高可靠、高精度的北斗位置和数据应用服务。

（二）繁荣北斗大众消费市场

1. 丰富智能终端北斗位置服务。开展智能手机高精度定位试点示范。提升智能手机、穿戴设备在室内等遮挡区域的多源融合定位能力，打造室内外无缝连续定位服务体系。探索北斗高精度、短报文等功能应用于智能手机、穿戴设备，构建亚米级定位应用场景，推动成为应急通信手段，在健康养老、儿童关爱、助残关怀、新兴消费、便民服务等领域广泛应用。

2. 扩大车载终端北斗应用规模。鼓励车辆标配化前装北斗终端，提升北斗在车辆应用的渗透率。探索车辆北斗定位+短报文+4G/5G 的一键紧急救援模式，鼓励有条件的地区、车企、服务商先试先行。结合北斗地基增强系统、高精度地图，在车联网中推广应用北斗高精度定位技术。

3. 赋能共享两轮车有序管理。推动北斗多频定位、高精度定位等技术在共享两轮车领域的应用，有效提升定位准确度。引导共享两轮车运营企业加大北斗应用力度，逐步升级原有车型支持北斗，规范共享两轮车在市政道路上的停放秩序，支撑城市智能化精细管理。

4. 培育北斗大众消费新应用。鼓励提供时间、位置、通信服务的设备、系统、软件等相关企业使用单模北斗产品或支持北斗独立功能的多模北斗产品，丰富北斗产品形态，培育北斗大众消费应用新模式新业态。举办北斗大众消费领域应用征集大赛和创新论坛，形成北斗创新应用案例集，推广一批北斗新应用，拓宽北斗应用服务新航道。

（三）健全完善产业生态

1. 扶持企业做优做强。鼓励企业结合自身特点实现差异化发展，切实提升北斗企业的整体实力。依托国内超大规模市场优势，发挥龙头企业带动作用，强化产业链上下游协同，促进大中小企业融通发展，培育一批专精特新"小巨人"企业、若干家制造业单项冠军企业，打造健康可持续发展的大众消费领域北斗产业链和供应链。

2. 加强标准制定和实施。聚焦大众消费领域北斗标准化需求，有序推进标准制定工作，规范产业发展。鼓励国内企事业单位积极参与国际标准组织工作，推动北斗标准的国际化发展。充分发挥标准的引导作用，强化北斗相关标准的符合性验证。加强北斗产品质量评测能力建设，定期发布北斗大众消费产品质量分析报告，督促企业重视产品质量，为大众用户选择北斗产品提供参考和指引。

3. 激发产业发展新活力。发挥行业协会、产业联盟的协调作用，指导北斗产业链上下游单位广泛合作，形成产学研用相互配合、密切协作的良性循环生态。鼓励地方政府结合区域特点和差异性需求，促进产业创新集聚发展。加强北斗数据共享和分析，充分挖掘北斗时空大数据的价值，为宏观经济分析、精准城市规划、垂直行业应用、网络质量评估等提供服务，以数字化手段助力提升治理体系和治理能力现代化水平。

（四）加强组织保障

1. 强化统筹协作。各级工业和信息化主管部门要与相关部门协同配合，确保各项重点工作有序推进。鼓励企业、行业组织、研究机构等单位在技术攻关、产品研发、标准制定、应用示范等方面加强合作，构建产学研用联合的协同创新和成果转化机制。

2. 加大支持力度。鼓励地方结合资源禀赋，因地制宜制定本地区扶持北斗发展政策，开发更多大众消费领域北斗应用场景。发挥财政资金引导作用，鼓励资本市场加大投入力度，推动北斗产业快速发展。

3. 加强宣传引导。加强政策宣传，提升已有北斗服务显现度，促进北斗创新服务应用见效，增强大众对北斗应用的感知度。鼓励企业参与产品评测和认证检测，提高北斗产品质量和服务水平，推动北斗产业健康有序发展。

十八、2021 年 3 月《中华人民共和国国民经济和社会发展第十四个五年规划和 2035 年远景目标纲要》

（一）发展壮大战略性新兴产业

深化北斗系统推广应用，推动北斗产业高质量发展。

（二）制造业核心竞争力提升

突破通信导航一体化融合等技术，建设北斗应用产业创新平台，在通信、金融、能源、民航等行业开展典型示范，推动北斗在车载导航、智能手机、穿戴设备等消费领域市场化规模化应用。